Stefan Alkofer

So funktioniert die Elektrolok

Stefan Alkofer

So funktioniert die Elektrolok

trans press

Einbandgestaltung: Dos Luis Santos

Bildnachweis:
Die zur Illustration dieses Buches verwendeten Aufnahmen stammen – wenn nichts anderes vermerkt ist – vom Verfasser.

ISBN 978-3-613-71293-5

1. Auflage 2008

Sie finden uns im Internet unter www.transpress.de

Lektor: Joachim Köster
Innengestaltung: Medienfabrik Gmbh, 70174 Stuttgart
Druck und Bindung: Graspo CZ, 76302 Zlin
Printed in Czech Republic

Inhaltsverzeichnis

UpRight

DB
2
110 367-0

DB
111 153-3

Vorwort

E-Loks prägen seit langem den Bahnverkehr in Mitteleuropa. Auf den nationalen und transeuropäischen Hauptachsen ist ein Betrieb ohne sie nicht mehr denkbar.
In Deutschland ging vor wenigen Jahren die vierte Generation E-Loks an den Start. Jede Generation hinterließ Spuren in den Gedächtnissen der Eisenbahnfreunde. Seien es die Maschinen, deren Entwürfe noch in die Länderbahnzeit zurückreichen wie etwa die E16 oder die DRG-Generation mit E 18, 44 und 94, gefolgt von den DB-Einheitsloks und ihren DR-Pendants bis zu den jüngsten Entwürfen aus der Privatbahnära, 101, Taurus und Traxx, sie alle sind Symbole des Fortschritts ihrer jeweiligen Epoche. Dass es erst vier Generationen in über 100 Jahren E-Lok-Geschichte gibt, spricht für die Langlebigkeit und Qualität der Konstruktionen.

Dieses Buch soll die prinzipielle Funktion einer E-Lok erklären und einer möglichst breiten Leserschicht zugänglich sein. Ein Einblick, der deshalb nicht ins letzte Detail gehen will und es auch nicht soll.
Dieses Buch ist weder ein Grundkurs der Elektrotechnik, noch eine Einführung in die Grundlagen der Halbleiterphysik. An ein paar Grundbegriffen kommt man dennoch nicht vorbei und einige Phänomene müssen zumindest qualitativ beschrieben werden.
Mein Dank gilt jenen, die zum Entstehen dieses Buches beitrugen: Axel, Jochen, Uli und Volker.

Bad Waldsee, im Frühjahr 2008 Stefan Alkofer

1 Ein paar Grundgedanken

Im Kölner Hauptbahnhof treffen sich im Herbst 1999 die ersten bedeutenden deutschen Großserienvertreter der Drehstromantriebstechnik: ICE 1, BR 120 und 101 (v.l.).

Moderner Eisenbahnbetrieb steht zunehmend unter wirtschaftlichem Diktat. Längst bestimmen nicht mehr nur Ingenieure und Techniker, was im Lokomotivbau wünschenswert und technologisch möglich ist. Finanz-Controller und ihre Rechenschieber haben das Kommando übernommen und bestimmen, was nötig und bezahlbar ist. Die Zeit der vermeintlich guten alten Beamten- beziehungsweise Staatsbahn ist europaweit zu Ende. In anderen Ländern außerhalb Europas ist dieser Privatisierungsprozess entweder abgeschlossen oder hat nie stattgefunden.

Die stärkere Ausrichtung des Eisenbahnbetriebs an wirtschaftlichen Gesichtspunkten ist eine gute Gelegenheit, sich über die Vor- und Nachteile der E-Lok-Traktion Gedanken zu machen. Zunächst soll ein Vergleich zwischen Dampf- und E-Traktion gemacht werden:

1. Unternehmen, die Einsparpotenzial suchen, beginnen heutzutage meist beim Personal. Eine Umstellung von Dampf- auf Elektrotraktion brächte einem Eisenbahnverkehrsunternehmen (EVU) eine massive Personalreduktion, da keine Heizer benötigt werden. Das Arbeiten auf einem geschlossenen E-Lok-Führerstand ist gesünder als die Plackerei auf einer zugigen Dampflok in rauchgeschwängerter, rußiger Luft. Die Ausfallzeiten beim Personal sind aufgrund der verbesserten Arbeitsbedingungen geringer, außerdem kann der Beruf des Lokführers über einen längeren Zeitraum ausgeübt werden.
2. Die Energiebilanz einer Dampflok ist schwach. Ihr Wirkungsgrad liegt nur bei rund zehn Prozent. Etwa 90 Prozent der Energie, die in den fossilen Brennstoffen steckt, geht ungenutzt in Form von Wärme verloren. Der Wirkungsgrad einer E-Lok liegt unter der Voraussetzung, dass die elektrische Energie in einem modernen Kraftwerk erzeugt wird, etwa dreimal so hoch. Außerdem kann in Großkraftwerken minderwertige Kohle verfeuert werden, was bei einer Dampflok zu Leistungseinbußen führt.
3. Ein großer Vorteil der E-Lok ist, dass sie ihre Energiequelle nicht mitführen muss, während eine ausgewachsene Schlepptenderdampflok leicht auf 50 bis 70 Tonnen Tendermasse kommt, denn zum Tendergewicht kommen noch rund 30 m³ Wasser und um die zehn Tonnen Kohle. Das gesamte Tendergewicht schränkt die Nutzlast der Lokomotive ein.
4. Die Dampflok ist in der heutigen Welt restriktiver Umweltvorschriften ein Anachronismus, der nur noch unter musealen Gesichtspunkten vertretbar ist. Man möge sich die Ergebnisse einer Feinstaubmessung in einer Bahnhofshalle wie in München, Frankfurt oder Hamburg vorstellen, als Dutzende Dampfloks auf ihre Abfahrt warteten. Dampflokomotiven emittierten neben Ruß, ungefilterten Rauch inklusive Schadgasen (je nach Kohlequalität und –herkunft) wie Schwefel-, oder Stickoxide.
5. Dampflokomotiven sind wartungsintensiv, in kurzen Abständen müssen unter anderem Schmierstoffe kontrolliert und nachgefüllt, Reinigungsarbeiten ausgeführt werden usw. Ferner ist die Inbetriebnahme einer Dampflok eine zeitaufwendige Angelegenheit. Eine E-Lok hingegen kann problemlos ausgeschaltet werden und ist innerhalb weniger Minuten erneut einsatzbereit.

Tempo hat Vorfahrt: Symbolischen Charakter hat diese Aufnahme aus Gemünden Ende der 1960er-Jahre. Während die Dampflok der Baureihe 44 sich hinten anstellen muss, haben die E-Loks, allen voran die schnelle E 10 324 (re.) mit ihrem TEE, Vorfahrt. Foto: Bellingrodt, Sammlung Alkofer

Bei gleichem Transportaufkommen müssen deutlich mehr Dampfloks als E-Loks vorgehalten werden.

Die Dampfloktechnik erreichte in den 1960er-Jahren ihren Entwicklungshöhepunkt, während die E-Lok-Technik gerade in den vergangenen drei Jahrzehnten nochmals große Fortschritte machte.

Vergleicht man beispielsweise das Leistungsgewicht (kW pro Tonne Lokgewicht) einer der letzten DB-Dampflokbaureihen, der BR 23 (1.290 kWi/ rund 131 Tonnen = 9,8 kWi/t), und einer modernen E-Lok der Traxx-Familie von Bombardier, der 146.2 der DB AG (4.200 kW/82 Tonnen = 51 kW/t), kommt man auf ein Verhältnis von ungefähr 1:5 zugunsten der modernen E-Lok.

Die Dampflok ist unter betriebswirtschaftlichen Gesichtspunkten chancenlos gegenüber der E-Traktion. Ihr einziger Vorteil sind geringere Infrastrukturkosten. Eine Dampflok benötigt lediglich in größeren Abständen einen Wasserturm und einen Kohlebansen, anstelle einer umfangreichen und sehr kostenintensiven Infrastruktur vom Kraft- über das Unterwerk bis zur Fahrleitung. Einen ähnlichen Vorteil bietet auch die Diesellok, die zudem zahlreiche Vorzüge der E-Lok in sich birgt.

Wo liegen die Vorzüge der E-Lok gegenüber der Diesellok? Diese Abwägung ist diffiziler und die Waage schlägt nicht mehr so eindeutig in eine Richtung aus wie beim Vergleich von Dampf- und E-Traktion zugunsten der E-Loks.

Der größte Nachteil der E-Loks ist der Hauptvorteil der Dieseltraktion: Die Diesellok ist fast autark, nicht abhängig von aufwendiger Infrastruktur und ihr Einsatz ist dort unverzichtbar, wo die Elektrifizierung sich aufgrund geringer Nachfrage nicht amortisieren kann, etwa auf Nebenstrecken. Aber auch wenn die zu überbrückenden Entfernungen zu groß werden, kommt die Wirtschaftlichkeit der E-Traktion an ihre Grenze.

Aus ökologischen Gesichtspunkten ist die E- der Diesel-Traktion vorzuziehen. Wird der Strom aus regenerativen Energien (Wind, Wasser, Sonne) gewonnen, ist die Ökobilanz gar hervorragend. Selbst bei der Verwendung fossiler Energieträger zur Stromerzeugung ist die Ökobilanz für die E-Traktion günstiger. Die Verfeuerung findet zentral in Kraftwerken statt, deren Abgase dank moderner Rauchgasreinigungstechniken heutzutage praktisch stickoxid-, schwefeloxid- und feinstaubfrei sein können.

Bei modernen E-Loks ist auch die Energierückgewinnung ein Thema. Elektrische Energie, die beim Bremsen in den zu Generatoren umfunktionierten Fahrmotoren gewonnen wird, kann dank moderner Leistungselektronik ins Fahrleitungsnetz zurückgespeist werden. Aus der E-Lok wird so ein kleines Kraftwerk.

Im Eisenbahnland USA ist wegen der großen Entfernungen nur ein geringer Teil der Strecken elektrifiziert. Eine der wenigen US-Bahngesellschaften mit elektrischem Betrieb war die New Haven Railroad an der US-Ostküste. Lok 376, eine EP 5, bespannt im Mai 1964 den Schnellzug »The Patriot«. Die EP 5 wurden 1955 in zehn Exemplaren beschafft. Die »Jets« genannten Maschinen wurden 1977 abgestellt und allesamt verschrottet.
Foto: Al Chione, Sammlung Alkofer

Die modernsten Maschinen, wie etwa die Siemens-Taurus-Reihe, haben eine Leistung von 6.400 kW, erreichen eine serienmäßige Höchstgeschwindigkeit von 230 km/h bei einem Gewicht von nur knapp über 80 Tonnen, ein Leistungsbereich, an den Dieselloks nicht heranreichen. Vor allem dieselelektrische Maschinen haben das Handicap, zur elektrischen Ausrüstung den schweren Selbstzünder-Motor, die nötigen Betriebsstoffe und einen Generator zusätzlich mitführen zu müssen. Allein die Motor-Generatoreinheit einer dieselelektrischen Lokomotive der Baureihe 232 wiegt 28 Tonnen!

Auf viel befahrenen Strecken, wo schwere Güter- oder schnelle Fernverkehrszüge verkehren, gibt es für wirtschaftlichen Bahnbetrieb zur Elektrifizierung keine Alternative. Auf weniger befahrenen Strecken mit moderaten Geschwindigkeiten und geringeren Anhängelasten wird sich der E-Lok-Einsatz hingegen nicht lohnen.

Die Energiekosten können eine Sonderrolle spielen. In einem Land, das über Ölreserven verfügt, müsste man sich angesichts geringer Dieselkosten eine Elektrifizierung überlegen.

In Deutschland und Westeuropa sind die wichtigen Magistralen seit mehreren Jahrzehnten elektrifiziert. In Zeiten der europaweiten Liberalisierung des Schienenverkehrs werden es am Ende der Markt und die Nachfrage regeln, wo eventuell Strecken noch elektrifiziert werden.

2 Klassifizierung der Elektrolokomotiven

Rund um die elektrifizierte Würzburger Drehscheibe treffen sich viele wichtige Vertreter des deutschen E-Lok-Baus zwischen 1930 und 1980.
Foto: Lürs, Slg. Alkofer

118 005-8
141 389-7
DB
111 085-7
118 025-6

Eine bekannte E-Lok der Deutschen Reichsbahn-Gesellschaft (DRG) aus dem Jahr 1927, die E 75, hatte die Achsfolge 1'BB1': Zwischen zwei Laufachsen befanden sich vier angetriebene Achsen in zwei zusammenhängenden Gruppen. Im Herbst 2005 wurde die DB-Museumsmaschine zum Raub der Flammen in Nürnberg. Foto: Emersleben

2.1 Die Achsfolge

Im Zeitalter der Drehgestelllokomotiven mit entweder vier oder sechs Achsen hat die Achsfolge viel von ihrer früheren Charakteristik verloren. Als Dampflokomotiven und die frühen E-Loks mit Stangenantrieb das Alltagsbild prägten, konnten interessierte Laien und Experten anhand der Achsfolge häufig schon einiges über den Loktyp und ihren Einsatzzweck aussagen.

Die Bezeichnung der Achsfolge geschieht hierzulande folgendermaßen:

Mittels arabischer Ziffern werden nicht angetriebene Laufachsen bezeichnet:

1 eine im Hauptrahmen gelagerte Laufachse

2 zwei im Hauptrahmen aufeinander folgende Laufachsen

Großbuchstaben bezeichnen angetriebene Achsen, ein kleines »o« kennzeichnet einen Einzelachsantrieb.

A eine im Hauptrahmen gelagerte angetriebene Achse

B zwei im Hauptrahmen gelagerte, miteinander gekuppelte angetriebene Achsen

Bo zwei im Hauptrahmen gelagerte, nicht miteinander gekuppelte angetriebene Achsen

BB vier angetriebene Achsen sind im Hauptrahmen gelagert, jeweils zwei von ihnen sind miteinander gekuppelt.

Zur Beschreibung von Lokomotiven mit komplizierteren, unterteilten Fahrgestellen sind weitere Angaben nötig. Zunächst werden die einzelnen im Hauptrahmen gelagerten angetriebenen beziehungsweise nicht angetriebenen Achsen betrachtet, nach ihrer Art zusammengefasst und mit einem Apostroph markiert.

1' eine nicht angetriebene Laufachse, die nicht im Hauptrahmen läuft

2' zwei nicht angetriebene Laufachsen, die nicht im Hauptrahmen laufen

B' zwei miteinander gekuppelte, angetriebene Achsen, die in einem gemeinsamen Drehgestell laufen

Bo' zwei einzeln angetriebene Achsen, die in einem gemeinsamen Drehgestell laufen

B'B' je zwei miteinander gekuppelte Treibachsen, die in zwei verschiedenen Drehgestellen laufen

(A 1 A) ein Triebdrehgestell, in dem eine antriebslose zwischen zwei angetriebenen Achsen läuft.

2.2 E für Elektro

Vor ungefähr einem Jahrhundert, als die ersten E-Loks zu den Länderbahnen gelangten, musste ein Bezeichnungsschema gefunden werden. Anfangs betraf es nur Bayern und Preußen, da lediglich dort nennenswerte Lokomotiv-Bestellungen getätigt wurden. Man lehnte das Bezeichnungssystem an das bekannte der Dampfloks an.

Die spätere Baureihe E 71 hieß in Preußen noch EG 511 bis 537, sie war als Güterzuglok beschafft worden. Foto: Lürs, Sammlung Alkofer

Nach dem Übergang der bayerischen Bahn in die Reichsbahn wurde das Schema vereinfacht, bevor 1927 das neue einheitliche Reichsbahnbezeichnungsschema eingeführt wurde. Es gab jetzt nur noch die Schnellzuglokomotive ES1, die spätere E 16 (Bild), fünf verschiedene Personenzugloks EP 1 bis 5 sowie fünf Güterzugloktypen EG 1 bis 5. Foto: Lürs, Sammlung Alkofer

In Preußen erhielten E-Loks zunächst ein großes »E« an die Spitze gestellt und danach folgte die Angabe des Verwendungszweckes: »S« stand für eine Schnellzuglokomotive, »P« für Personenzug und »G« für Güterzug. Dem folgte noch eine Loknummer.

In Bayern, dem zweiten großen Frühverbreitungsgebiet für E-Loks in Deutschland, lief es ähnlich. Auch dort wurde eine Buchstabenkombination wie in Preußen an die Spitze gestellt. Es gab jedoch nur die Bezeichnungen EP für Personen- und EG für Güterzuglokomotiven. Danach folgte in Bayern eine Angabe über die Anzahl und die Art der Achsen der Lok, in Analogie zur in Bayern verbreiteten Art, Dampfloks zu klassifizieren. Zum Schluss wurde noch eine fünfstellige Betriebsnummer angehängt.

Mit dem Ende des Ersten Weltkriegs kam auch das Ende für die Länderbahnen Bayerns, Preußens, Sachsens usw. Sie gingen zunächst in den Deutschen Reichseisenbahnen auf. Mit der Gründung der Deutschen Reichsbahn-Gesellschaft (DRG) im Jahr 1924 war die neue Struktur endgültig festgelegt. Die DRG übernahm ein buntes Kaleidoskop unterschiedlichster Triebfahrzeugtypen, zum allergrößten Teil Dampfloks, die nach den verschiedensten Länderbahn-Bezeichnungsschemata klassifiziert wurden.

Es war höchste Zeit für eine Vereinheitlichung und so entwickelte die DRG einen Umzeichnungsplan für ihre Lokomotiven. Dieser galt auch für E-Loks, obwohl sie damals nur eine Randerscheinung waren. Aber im Hinblick auf neue E-Lok-Typen, deren Bau sich mit zunehmender Streckenelektrifizierung und weiterem technischen Fortschritt abzeichnete, mussten bald neue Nummern vergeben werden.

E-Loks erhielten zunächst ein großes E vorangestellt, darauf folgte die zweistellige Stammnummer, die den Typ bezeichnete. Die Stammnummern wurden nicht willkürlich vergeben, an ihnen sollte der Einsatzzweck abzulesen sein:

E 01 bis 29	Schnellzuglokomotiven	$v_{max} > 90$ km/h
E 30 bis 59	Personenzuglokomotiven	70 km/h $< v_{max} <$ 90 km/h
E 60 bis 99	Güterzuglokomotiven	$v_{max} < 70$ km/h

Dieses von der Reichsbahn eingeführte System hielt sich lang, überlebte den Zweiten Weltkrieg, wurde danach in West und Ost übernommen.

Später wurden zusätzliche, dreistellige Stammnummern eingeführt. Sie wurden nötig, als Loks aufkamen, die für mehr als ein Stromsystem tauglich waren.

Wechselstrom (AC) $16^2/_3$ Hz	E 00 bis 100
Gleichstrom (DC)	E 101 bis 200
Wechselstrom (AC) 50 Hz	E 201 bis 300
Zwei verschiedene Stromsysteme	E 301 bis 400
Mehr als zwei verschiedene Systeme	E 401 bis 500

Auf die Stammnummer folgte die drei- bis vierstellige Ordnungsnummer, die mit der Gesamtzahl der in Dienst gestellten Lokomotiven zusammenhing. Beispiel: E 40 367, ist das 367. Exemplar der Baureihe E 40. Aus diversen, meist historischen Gründen blieben immer wieder Nummern unbesetzt, so wurden Ordnungsnummern aus der Länderbahnzeit übernommen, obwohl diese oft Lücken aufwiesen.
Im Lauf der mitunter langen Produktionszeit einer Lokomotivbaureihe finden permanent Weiterentwicklungen statt, man spricht dann von bestimmten Bauserien oder es entstehen Unterbaureihen mit speziellen Verwendungszwecken. Dies markiert bis heute häufig die Ordnungsnummer, entweder dadurch, dass man sie mit einem Punkt abgesetzt oder hochgestellt anschreibt: Die spätere Baureihe 139, also die E 40 mit Widerstandsbremse, wurde anfangs als E 40.11 beziehungsweise E 40^{11} geführt. Auch bei der DB AG wird etwa zur Unterscheidung verschiedener Bauserien der gleichen Lok die Ordnungsnummer genutzt. Beispiel: Von der Nahverkehrsbaureihe 146 (Bombardier Traxx P 160 AC) fahren bei DB Regio derzeit drei verschiedene Bauserien, 146.0 (146 001 bis 031), 146.1 (146 101 bis 132) und die aktuelle 146.2 (146 201 bis 245). Dieses Beispiel zeigt auch, dass innerhalb einer Baureihe die Ordnungsnummer nicht durchgehend vergeben werden.

2.3 Die Umstellung auf Computernummern

Vor allem bei Behörden zogen in den 1960er-Jahren die ersten Großrechner ein. Der Begriff EDV (elektronische Datenverarbeitung) wurde in den Wortschatz aufgenommen. Die Bundesbahn (DB) und kurze Zeit danach auch die DDR-Reichsbahn (DR) führten Ende der 1960er-Jahre EDV-gerechte Loknummern ein. Die neuen Lok-Nummern waren sechsstellig. Das bewährte »E« für Elektro verschwand mit der Umstellung und wurde bei der DB durch die »1« ersetzt.

Beispiele:	E 18 02	118 002
	E 40 188	140 188

Mit der Umstellung auf EDV-Nummern mussten die wenigen Mehrsystem-E-Loks der DB neu bezeichnet werden, denn die bisher vorangestellte »3« stand im EDV-System für Kleinloks mit Verbrennungsmotor. Aus der Baureihe E 310 wurde die Reihe 181, E 320 zur 182, E 344 zur 183 und E 410 zur 184 (Bild). Foto: Lürs, Sammlung Alkofer

141 001-8 befindet sich im Oktober 1982 in der Halle des Bw München Hauptbahnhofs. Foto: Lürs, Sammlung Alkofer

Die Umstellung bei der Bundesbahn begann 1968, für die Triebfahrzeuge der DR startete die Umbenennung im Jahr 1970. Das DR-System funktionierte beinahe analog dem DB-Plan, jedoch erhielten die E-Loks der DR die »2« vorangestellt. Aus einer E 44 wurde auf dem Gebiet der DDR die 244. Eine Besonderheit stellten die E 94 dar, sie wurden nicht zur Baureihe 294, sondern zur Reihe 254 umgezeichnet.

Beide Staatsbahnen führten zudem die Kontrollziffer ein. Sie wird folgendermaßen bestimmt: Unter die neue sechsstellige Bezeichnung aus Baureihen- und Ordnungsnummer wird der Code »121 212« geschrieben. Die übereinander stehenden Zahlen werden miteinander multipliziert. Aus dem Ergebnis bildet man die Quersumme, die wiederum zieht man von der ihr nächstgelegenen höheren Zehnerzahl ab. Ein Beispiel zur Verdeutlichung:

E 41 001 heißt seit 1968 als 141 001:	141 001
Unter der Fahrzeugnummer wird der Hilfscode notiert:	121 212
Man multipliziere die übereinander stehenden Zahlen:	181 002
Bilden der Quersumme:	12
Die nächsthöhere Zehnerzahl zu 12 ist 20, 20 – 12 =	8
Die Kontrollziffer lautet 8, die vollständige Bezeichnung der E 41 001 lautet jetzt:	141 001-8.

2.4 Die Wende bringt Veränderungen

Der Wiedervereinigung Deutschlands am 3. Oktober 1990 musste in kurzer Zeit auch die Vereinigung der beiden Staatsbahnen folgen. Den Zwang zur Verschmelzung zweier defizitärer Staatsbahnen nutzte die Politik, um das Bahnsystem komplett umzukrempeln. Aus der Beamtenbahn DB und der Arbeiterbahn DR sollte die privatwirtschaftliche Deutsche Bahn AG (DB AG) werden, in der Hoffnung, dass ein unter betriebswirtschaftlichen Prämissen geführtes Unternehmen eines Tages unabhängig von staatlicher Alimentation sein würde. Start für die neue Aktiengesellschaft war im Januar 1994, die Vorbereitungen begannen schon früher. Bereits 1992 wurde ein einheitliches Baureihenschema für die zukünftige Deutsche Bahn AG eingeführt. Grundlage bildete das DB-Nummernschema, die ehemaligen DR-E-Loks erhielten nun die »1« als bestimmende erste Loknummer. Einige Lokomotiven benötigten neue Baureihennummern, da es sonst zu Doppelbelegungen gekommen wäre. Die zum Umzeichnungs-Zeitpunkt verbliebenen DB-Loks der Reihe 112, ehemalige E 10^{12}, mussten ihre Baureihenbezeichnung für die DR-Baureihe 212 freigeben und wurden selbst zur Baureihe 113 beziehungsweise 114 umdeklariert.

Aus der 50Hz-Rübelandlok der DR-Baureihe E 251 wurde nicht die DB AG-Baureihe 151, diese war vergeben, sondern die Reihe 171. 171 002 erreicht mit einem einzigen Silberling am 20. August 1996 Blankenburg auf dem Weg nach Königshütte. Foto: Emersleben

2.5 Die Privaten

Bis in die 1990er-Jahre war Europas Eisenbahnlandschaft geprägt von Staatsbahnen, ganz im Gegensatz etwa zu den USA, wo die Eisenbahn immer mehr oder weniger in privater Hand war. In Deutschland transportierten Deutsche Bundesbahn und Reichsbahn Personen und Güter auf der Schiene, in Frankreich die SNCF, in Österreich die ÖBB und in der Schweiz die SBB.

Inzwischen ist die Europäische Union der Privatisierungs-Motor, in der Hoffnung auf mehr Wettbewerb auf Schienen und darauf, dass der Bahnverkehr eines Tages den Sprung vom defizitären Zuschussgeschäft zum selbsttragenden Transportmarkt-Teilnehmer schafft.

Es war die Eiserne Lady, die britische Premierministerin Margret Thatcher, die mit der von ihr vollzogenen Privatisierung zahlreicher britischer Staatsbetriebe europaweit das Klima schuf, um staatliche Großbetriebe wie Post und Eisenbahn in privatwirtschaftliche Aktiengesellschaften zu verwandeln. Thatcher verkaufte die British Rail allerdings nicht. Das übernahm erst ihr Nachfolger John Major im Jahr 1993!

Die Privatisierungswelle hat ganz Europa mehr oder weniger überrollt. In vielen Ländern haben sich neue Eisenbahnverkehrsunternehmen (EVU) etabliert: Vom kleinen Unternehmen mit wenigen Lokomotiven, das nur lokal auftritt und Aufgaben übernimmt, die den großen Staatsbahnen nicht mehr lukrativ genug erscheinen, bis zu großen, multinationalen Transportkonzernen wie etwa die Veolia- oder die Arriva-Gruppe.

Eine immer größere Bedeutung erlangen die in den letzten Jahren gegründeten Lokvermieter wie die britische Angel Trains, die in ganz Europa Loks verleast oder die Mitsui Rail Capital Europe BV (MRCE), deren schwarze Lokomotiven immer häufiger vor Zügen auffallen. Auch große (Noch-) Staatsbahnen wie die DB AG greifen längst auf das Angebot der Leasingunternehmen zurück.

Die vielen neuen Unternehmen und Anbieter haben ihre eigenen Bezeichnungen für Lokomotiven beziehungsweise nutzen die Codes der Hersteller, die immer unabhängiger bei der Lokomotiventwicklung werden.

Vor wenigen Jahrzehnten noch waren die Staatsbahnen meist unmittelbar an der Entwicklung von

Der Erfolg der Bombardier-Traxx-Familie, deren Keimzelle die Baureihe 145 der DB AG darstellt, ist beeindruckend. In vielen Ländern Kontinentaleuropas sind die Loks inzwischen heimisch. Eine der jüngsten Varianten ist die Mehrsystemreihe E 186 (F 140 MS), die 2006 auf der Messe Innotrans in Berlin ausgestellt wurde.

Lokomotiven beteiligt, konstruierten sie gemeinsam mit den Herstellern. Speziell in Deutschland wurde häufig derselbe Loktyp bei mehreren Herstellern gebaut. Jedes Unternehmen hatte sein Auskommen, so rollte zum Beispiel die Baureihe E 10 bei den Konkurrenten Krauss-Maffei, Krupp und Henschel aus den Werkshallen. Das ist inzwischen Geschichte.

Zwar sind Großaufträge von den Bahnen wie DB AG oder SNCF meist Initialzündungen zum Bau neuer Baureihen, aber die von der Industrie entwickelten Modelle werden längst auch anderen (Staats-) Bahnen angeboten. So haben sich die Bezeichnungen der Industrie heute ebenso verbreitet wie die Klassifizierungen der Bahnverwaltungen und viele Loktypen sind unter verschiedenen Namen bekannt.

Die drei großen verbliebenen E-Lokhersteller in Europa bieten inzwischen Lokomotiv-Plattformen an, die prägnante Namen haben. Bei Bombardier heißt die sehr erfolgreiche Familie »Traxx«, Alstom nennt seine Loks »Prima« und Siemens führt bereits im Namen die angepeilten Märkte: »Eurosprinter«.

Die Baureihe 146.2 der DB AG heißt bei ihrem Hersteller Bombardier **P160 AC2**. Der Erste Buchstabe gibt den Verwendungszweck an: **F**racht-/**H** Schwerlast- (Heavy Haul)/ **P**assagier-/**S** Hochgeschwindigkeitsverkehr, die Zahl steht für die Höchstgeschwindigkeit von **160** km/h. Darauf folgt das Stromsystem: **AC** – Wechselstrom, **DC** – Gleichstrom, MS – Mehrsystem und **DE** für **d**iesel**e**lektrisch. Zuletzt wird die Unter-Variante angegeben.

Mit dem Bau des Prototypen ES 64 P (127 001) im Jahr 1993 legte Siemens Transportation Systems den Grundstein der überaus erfolgreichen Eurosprinter-Familie, deren jüngstes Familienmitglied die ES 64 U4 (ÖBB: 1216) ist.

ES steht dabei für **E**uro**s**printer, die **64** für die Motorleistung von **64**00 kW und **U**4 beschreibt eine mehrsystemfähige **U**niversal-E-Lok für vier Bahnstromsysteme. Die DB AG-Baureihe 152 wird bei Siemens als ES 64 F geführt, das **F** steht dabei für »**F**reight« (Fracht).

Die Baureihe 1116 (»Taurus«) der ÖBB, heißt bei der DB AG BR 182, während sie im Siemens-Dispolokpool, beziehungsweise jetzt bei MRCE (Mitsui Rail Capital Europe), als ES 64 U2 laufen. ES 64 U2 034 wartet im Hamburger Hauptbahnhof im Juli 2004 vor dem Flensburg-Express auf die Abfahrt.

2.6 Andere Länder, andere Sitten

Die meisten Länder haben ihr eigenes, historisch gewachsenes Lok-Bezeichnungssystem. Interessant ist jenes der Schweiz, dem Land der E-Loks. Wer kennt sie nicht die Ae 4/7, das Krokodil Ce 6/8 und Re 4/4 II, aber was steckt hinter den kryptischen Kürzeln?

Das alte Schweizer Schema

R: Lokomotiven mit einer Höchstgeschwindigkeit über 110 km/h

A: Lokomotiven mit einer Höchstgeschwindigkeit über 80 km/h

B: Lokomotiven mit einer Höchstgeschwindigkeit von 70 bis 80 km/h

C: Lokomotiven mit einer Höchstgeschwindigkeit von 60 bis 65 km/h

D: Lokomotiven mit einer Höchstgeschwindigkeit von 45 bis 55 km/h

E: Rangierlokomotiven

H: Schmalspurlokomotiven für Adhäsionsbetrieb

HG: Lokomotiven für Zahnradbetrieb

T: Traktoren

Der Index beschreibt vor allem die Antriebsart des Triebfahrzeugs

e: Elektrische Triebfahrzeuge mit Stromabnehmer

em: Elektrische Triebfahrzeuge mit Stromabnehmer und Dieselmotor

h: Triebfahrzeuge mit Zahnradantrieb

m: Triebfahrzeuge mit Dieselmotor

t: Steuerwagen

Re 4/4 II 11126 macht Station in der Hauptwerkstätte des Zürcher Hauptbahnhofs. Für die meisten Freunde Schweizer Lokomotiven wird aus dieser bekannten Baureihe keine 420 mehr, auch wenn sie heute offiziell so heißt.

Schließlich folgte in der Schweiz noch eine Angabe über das Verhältnis der angetriebenen Achsen zur Gesamtachszahl. Beispiel: 4/7 bedeutet, vier von sieben Achsen sind angetrieben. Zuletzt wird mittels einer römischen Ziffer noch die Bauserie angegeben. Inzwischen haben die Schweizer ihr bewährtes Schema aufgegeben und Ende der 1980er-Jahre ein neues eingeführt. Die neuen Baureihenbezeichnungen bestehen aus einer dreistelligen Zifferngruppe für die Serie sowie einer zweiten dreistelligen Gruppe für die Laufnummer und eine Kontrollziffer.

Unsere österreichischen Nachbarn vergeben seit 1953 vierstellige Baureihennummern. Abgetrennt durch einen Punkt folgt die Ordnungsnummer. Die Tausenderstelle der Baureihennummern hat folgende Bedeutung: Die »1« steht für Elektro-, »2« für Diesellokomotiven, »3« für Dampf-, »4« für Elektro- und »5« steht für Dieseltriebwagen. Für Dampfloks wurde keine Tausenderstelle reserviert, 1953 war ihr Ende bereits absehbar. Die Hunderterstelle nutzen die ÖBB, um nahe verwandte Bauarten wie etwa die 1010 und die 1110 zu unterscheiden. Die 1110 ist die Güterzugvariante der 1010 mit einer geänderten Getriebeübersetzung.

Die Zehner- und Einerstellen beschreiben bei E-Loks: »01 bis 19« schnellfahrende Lokomotiven, »20 bis 39« schwere Güterzuglokomotiven, »40 bis 59« Lokomotiven für gemischte Verwendung, »60 bis 69« Rangierlokomotiven, »70 bis 89« bleibt frei und »90 bis 99« Schmalspurlokomotiven. Bei elektrischen Triebfahrzeugen stehen die Hunderterstellen von 0 bis 7 für Wechselstromfahrzeuge, die 8 für Zweistromfahrzeuge und die 9 für Gleichstromloks.

In Frankreich wurde früher als Erstes die Achsfolge angegeben und anschließend folgte eine Baureihennummer, deren erste Ziffern die Baureihe spezifizierten und die übrigen Nummern die Bau-Reihenfolge angaben, zum Beispiel: Die CC-7107, die im März 1955 (gemeinsam mit der BB-9004) den Geschwindigkeitsweltrekord für E-Loks mit 331 km/h aufstellte, ist die siebte Lokomotive der Reihe CC-7100, die mit CC-7101 anfängt.

1010.11 im blutorangenen Lack wartet auf den nächsten Auftrag. Foto: Luers, Slg. Alkofer

Ganz so einfach ist das französische Nummernsystem auch nicht, denn die BB-25182 ist die 32. gebaute Lokomotive der Reihe BB-25150! Im Frühjahr 2005 zieht die Maschine, von deren Baureihe 2007 nur noch eine Handvoll im Einsatz ist, bereits im neuen Nummernschema als 425182 und in der aktuellen »Fret«-Lackierung einen Güterzug in Richtung Strasbourg. Die Zweisystem-Baureihe wurde von 1967 bis 1977 gebaut. Unter 1,5 kV-Gleichspannung leisten die Loks 3.400 kW im 50 Hz-AC-System steigert sich die Leistung auf 4.130 kW.

3 Kurzer historischer Überblick über die Geschichte der E-Loks

In Naumburg (Saale) treffen sich am 22. September 1988 die beiden »Container« 250180 und 237.
Foto: Emersleben

3.1 Erste Schritte

Seit mehr als 125 Jahren fahren inzwischen Lokomotiven, die von Elektromotoren angetrieben werden. Gut 50 Jahre, nachdem der Siegeszug der Eisenbahn begann, der einen wesentlichen Anteil an der Industrialisierung vor allem in Europa und Nordamerika hatte, drehte die erste E-Lok am 31. Mai 1879 auf der Berliner Gewerbeausstellung ihre Runden.

Frühere Versuche, Elektrizität im Schienenverkehr einzusetzen, scheiterten an technischen Unzulänglichkeiten. Elektrizität stand im Grunde nur in Form von galvanischen Elementen zur Verfügung. Michael Faraday hatte zwar bereits in den 1830er-Jahren das Prinzip der elektromagnetischen Induktion erkannt, aber bis zur Stromerzeugungsmaschine, dem Dynamo beziehungsweise Generator, vergingen nochmals drei Jahrzehnte. Werner von Siemens formulierte 1866 das dynamoelektrische Prinzip. Dies war die Basis für den Bau von Generatoren zur Stromerzeugung, aber auch zur Entwicklung einer neuen Generation von leistungsfähigen Elektromotoren.

Siemens baute 13 Jahre später auch jene Bahn für die Berliner Gewerbeausstellung. Heute würde man das Bähnlein als Parkeisenbahn bezeichnen. Der Lokführer saß rittlings auf der kleinen, nur 2,2 kW starken Lokomotive, die drei Wagen über einen 300 Meter langen Rundkurs zog. Auf den Wagen konnten jeweils sechs Leute Platz nehmen, die Rücken an Rücken quer zur Fahrtrichtung saßen. Was heute nur wenig Begeisterung hervorrufen würde, faszinierte seinerzeit die Besucher und so sollen während der viermonatigen Ausstellung 86.000 Fahrgäste befördert worden sein. Eine Zahl, die neben dem enormen Publikumsinteresse vor allem die Zuverlässigkeit des E-Lökchens unterstreicht.

Diese erste Lok fuhr mit Gleichstrom (DC), die Stromart, die bis Anfang des 20. Jahrhunderts prägend blieb. Zunächst erlaubte der Eisenbahnbetrieb mit Elektromotoren nur einfachere Aufgaben. Zwei Jahre nach dem Erfolg auf der Gewerbeausstellung baute Siemens 1881 eine erste Straßenbahnstrecke in Berlin-Lichterfelde. Anfangs war vor allem die Stromzuführung ein Problem. Neben der Zuleitung durch die metallenen Schienen wurde aus Sicherheitsgründen bald mit Oberleitungen experimentiert. Auf die neue Traktionsform wurden schnell Grubenbesitzer aufmerksam, für die rauch- und abgasfreie E-Loks das ideale Transportmittel unter Tage darstellen.

1891 entwickelte Michail Dolivo-Dobrowolski (1862 bis 1919), damals Chefingenieur bei der Union-Electricitäts-Gesellschaft (UEG), der späteren AEG, den ersten funktionsfähigen Wechselstrom-(AC)-Drehstrommotor und meldete ihn zum Patent an. Der Drehstrommotor bot nun eine Alternative zum Gleichstrompendant, dessen spezielle Eigenschaften die Entwicklungsmöglichkeiten elektrischer Triebfahrzeuge bisher stark einschränkten. Die damaligen Gleichstrommotoren vertrugen kaum höhere Spannungen als 500 Volt und leisteten keine 50 kW.

Im selben Jahr wurde während der elektrotechnischen Ausstellung in Frankfurt/M. durch eine 175-Kilometer-Fernleitung von Lauffen am Neckar nach Frankfurt gezeigt, dass sich hohe Wechselspannungen über große Entfernungen mit geringen Verlusten übertragen lassen. Bereits ein Jahr später experimentierte Siemens mit Drehstrom-Schienenfahrzeugen.

In den Vereinigten Staaten scheute man sich nicht, die junge E-Lok-Technologie sogleich im Vollbahneinsatz zu erproben: 1895 bestellte die Bahngesellschaft Baltimore & Ohio Railroad eine spezielle E-Lok, die für den Einsatz auf einer 2,25 Kilometer langen Tunnelstrecke vorgesehen war. Sie war 96 Tonnen schwer, leistete bereits 1.060 kW und zog 1.200-Tonnen Güterzüge mit 24 km/h durch den Tunnel. Den Gleichstrom erhielt die Lok über eine starre Oberleitung.

1899 bauten die Schweizer Sulzer AG und Brown, Boveri & Co. (BBC) die erste Lokomotive für eine Drehstrom-Vollbahn. Zwischen den 41 Kilometer voneinander entfernten Schweizer Orten Burgdorf und Thun wurde eine Drehstrom-Fahrleitung mit 750 Volt Spannung und einer Frequenz von 40 Hz aufgestellt.

Ebenso wurde 1899 die Deutsche Studiengesellschaft für elektrische Schnellbahnen (StES) gegründet, die in den Jahren 1902/03 Schnellfahrversuche mit zwei Drehstromtriebwagen auf einer 27 Kilometer langen Strecke zwischen Marienfelde und Zossen vor den Toren Berlins durchführte. Einer der beiden Triebwagen wurde von Siemens, der andere von AEG ausgerüstet. Am 27. Oktober 1903 erreichte das AEG-Fahrzeug die für damalige Verhältnisse sagenhafte Ge-

Auf der Schweizer Strecke von Seebach nach Wettingen bewies die E-Lok »Eva« (1905) die Tauglichkeit des einphasigen Wechselstroms für den Schienenverkehr. Foto: BBC

schwindigkeit von 210,2 km/h. Die komplizierte dreipolige Fahrleitung und die mangelnde Regelbarkeit der Drehstrom-Frequenz verhinderten den Durchbruch dieser Technik. Zwar entwickelte sich in Norditalien ein größeres Drehstromnetz, aber die Gesamtbedeutung blieb gering. Das lag daran, dass sich in dieser Zeit der Einphasen-Wechselstrommotor als Bahnmotor in den Vordergrund drängte.

Dr. Hans Behn-Eschenburg (1864 bis 1938), damals Chefelektriker der Maschinenfabrik Oerlikon (MFO), gelang der Durchbruch mit der Entwicklung des Wendepolshunts.

3.2 Der Regelbetrieb beginnt

Bereits am 1. Januar 1905 wurde in Deutschland der planmäßige elektrische Betrieb auf der 23,6 Kilometer langen Strecke von Murnau nach Oberammergau eingeführt. In der Schweiz wurde 1905 die Strecke von Seebach nach Wettingen mit Wechselstrom elektrifiziert. 1912/13 einigten sich die deutschen Länderbahnen, die elektrischen Betrieb durchführten (Preußen, Bayern und Baden), auf eine einheitliche Speisung mit einem Wechselstrom von 15.000 Volt bei einer Frequenz von $16^2/_3$ Hertz (Hz).

In ganz Europa wurden in dieser Zeit Strecken elektrifiziert. Einige Länder schlossen sich dem deutschen Stromsystem an

(Österreich, Schweiz u. a.), andere vertrauten dem Gleichstrom (Frankreich, Benelux u. a.). Es war die Zeit des Experimentierens, nur wenige Lokomotivtypen erreichten höhere Stückzahlen und der Erste Weltkrieg verhinderte eine konzentrierte Weiterentwicklung. Die Kohleknappheit in der Schweiz infolge des Krieges führte 1918 zum Beschluss zur allgemeinen Elektrifizierung der Schweizer Bundesbahnen (SBB). Wasser zur Erzeugung von Elektrizität gibt es dort genug.

Bis in die 1920er-Jahre dominierten Konstruktionen mit gigantischen Motoren. Ein oder zwei dieser Motoren trieben über Blindwellen und Kuppelstangen die Radsätze an. Der technische Fortschritt ermöglichte jedoch ab dieser Zeit den Einzelachsantrieb, neue Antriebsformen wie der Buchli- oder Federtopf-Antrieb tauchten auf. Mit der E 06 12 erhielt die DRG 1928 ihre letzte Stangen-Strecken-E-Lok.

Die installierte Leistung der Lokomotiven und die erreichten Geschwindigkeiten nahmen zu, das elektrifizierte Netz wuchs stetig und die Anforderungen an die Lokomotiven ebenso. Bis zu dieser Zeit beruhten die meisten deutschen Lokentwicklungen noch auf Entwürfen und Bestellungen aus der Vorkriegs- und Länderbahnzeit. Die von der DRG in den späten 1920er- und frühen 1930er-Jahren bestellten neuen Typen stellten die nächste Entwicklungsstufe im E-Lokbau dar. Erste Vereinheitlichungen wurden sichtbar, die DRG achtete auf eine erhöhte Austauschbarkeit von Bauteilen, um Unterhaltskosten zu senken.

Von Anfang an war den Ingenieuren die gewählte Netzfrequenz von $16^2/_3$ Hz ein Dorn im Auge. Die Landesstromnetze oszillierten mit 50 Hz, der so genannten Landes- oder Industriefrequenz. Der Betrieb mit der reduzierten Bahnstromfrequenz ist aufwendig und verursacht erhebliche Zusatzkosten. Die DRG unternahm im Jahr 1936 50-Hz-Versuche auf der Höllentalbahn von Freiburg nach Neustadt im Schwarzwald. Dafür wurden vier verschiedene Prototyp-Lokomotiven entwickelt, aber die $16^2/_3$-Hz-Elektrifizierung war in Deutschland inzwischen so weit fortgeschritten, dass es beim Versuchsbetrieb blieb.

Die Weiterentwicklung des mechanischen Lokteils ging in Richtung laufachsloser Lokomotiven. Auch die Schweißtechnik setzte sich durch und eroberte Hauptrahmen und Drehgestelle.

Die seinerzeit moderne Re 4/4 I 416 ist 1947 mit einem ebenso zeitgemäßen Leichtschnellzug im Schweizer Mittelland unterwegs.
Foto: BBC

Foto: Luers, Slg. Alkofer

Einen Höhe- und auch Endpunkt bei den E-Loks mit Laufachsen stellt die Baureihe E19 dar, die 1939 in vier Exemplaren in unterschiedlichen Ausführungen von AEG (E19 01 und 02) und SSW (E 19 11 und 12) von der DRG in Dienst gestellt wurden. Die Maschinen waren für den Einsatz vor 800-Tonnen-Schnellzügen mit einer Höchstgeschwindigkeit 180 km/h konstruiert. 119 001 ist heute ein Exponat des Museums für Verkehr und Technik in Berlin.

Meilensteine und Urmodelle aller modernen Loks waren die in der Schweiz vorgestellten Ae 4/4 der Lötschbergbahn (1944) und die Re 4/4 I der SBB. Sie vereinten beide moderne Techniken: Geschweißte Konstruktion, laufachslose Drehgestelle, gefederter Scheiben-Kardan-Antrieb mit Läuferhohlwelle, verschleißfreie Achslagerführung und eine Höchstgeschwindigkeit von 125 km/h.

3.3 Die E-Traktion setzt sich durch

Im übrigen Europa stagnierte wegen des Zweiten Weltkriegs in dieser Zeit der Fortschritt bei der E-Lok-Entwicklung. Nach dem Krieg brachen auch bei der Eisenbahn neue Zeiten an. Die Dampfloktechnik hatte ausgedient, auch wenn sich die schwarzen Dampfrösser noch einige Jahrzehnte im Betrieb halten sollten und sogar noch neue Loks gebaut wurden.

In Frankreich entschloss man sich 1952, den Nordosten des Landes, vor allem die Montanregion in Lothringen, mit Fahrdraht zu überspannen. Das wäre im Grunde nichts Besonderes, jedoch wechselten die Franzosen von ihrem bereits eingeführten 1,5-kV-Gleichstromsystem zu 25-kV-Wechselstrom mit einer Frequenz von 50 Hz. Das war damals noch eine sehr junge Technologie, die einige Neuentwicklungen erforderte. Seitdem existieren in Frankreich zwei zwar regional konzentrierte, aber sehr verschiedene Bahnstromnetze nebeneinander.

Zur selben Zeit wurden in Deutschland die ersten fünf Prototypen (E 10 001 bis 005) einer neuen E-Lok-Generation geliefert. Sie bildeten die Basis für das große DB-Nachkriegs-Beschaffungsprogramm, das zum Bau von mehreren 100 Loks der Baureihen E 10, E 40, E 41 und E 50 führte.

1955 stellten zwei verschiedene französische DC-Lokomotivtypen mit 331 km/h einen neuen Geschwindigkeitsweltrekord auf, der bis ins Jahr 2006 halten sollte.

Die fünf Prototypen E 10 001 bis 005 bildeten den Grundstock für das große Nachkriegs-E-Lok-Neubauprogramm der DB. 110 002 wurde 1952 gemeinsam von BBC und Krupp gebaut. Foto: Luers, Slg. Alkofer

Die elegante BB-9004 hielt bis zum September 2006 den Geschwindigkeitsweltrekord für Elektrolokomotiven.

Im Jahr 1960 waren in der Schweiz 99 Prozent des Streckennetzes elektrifiziert. Damit war der Beschluss aus dem Jahr 1918 praktisch umgesetzt.

In den 1960er-Jahren zieht die Halbleitertechnik vor allem in Form des Thyristors in den Lokomotivbau ein. Mehrsystemfähige Lokomotiven können nun einfacher entwickelt werden. Während die Höllentalbahn auf das konventionelle Bahnstromsystem umgestellt wird, werden neue Prototypen (E 320 01, 11 und 21) für den Betrieb unter 15 kV/16$^2/_3$ Hz (D) oder 25 kV/50 Hz erprobt.

Der nächste bedeutende Schritt in der E-Lok-Entwicklung blieb einer Diesellok vorbehalten: 1971 wurde das Thema Drehstrom im Bahnverkehr wieder aktuell. Henschel und BBC entwickelten die erste Lok mit Drehstromantriebstechnik (DAT). Das Neue war jedoch, dass der Drehstrom künftig nicht mehr über eine komplizierte, mehrpolige Fahrleitung zugeführt werden sollte, sondern Wechselrichter an Bord der Lok den Drehstrom erzeugen, der den Einsatz der besonders vorteilhaften Käfigläufer-Asynchronmotoren erlaubt. Seit etwa zwei Jahrzehnten basieren nahezu alle Lokomotivneuentwicklungen auf diesem Konzept. Der Reihenschluss-Gleich- beziehungsweise -Wechselstromkommutatormotor hat nach einem knappen Jahrhundert ausgedient. Das Leistungsgewicht der heutigen Loks hat erheblich zugenommen. Auch die Höchstgeschwindigkeiten haben Dimensionen erreicht, die vor wenigen Jahrzehnten noch undenkbar waren: 1990 fuhr ein TGV-Triebzug mit der sagenhaften Geschwindigkeit von 515,3 km/h. Den Rekord für E-Loks hielten aber bis vor kurzem noch immer die beiden Französinnen aus dem Jahr 1955. Am 2. September 2006 brach eine Siemens-Lok, 1216 050, mit 357 km/h die alte Bestmarke. Die Rekordjagd fand im April 2007 einen vorläufigen Höhepunkt, als ein TGV auf der Neubaustrecke POS von Paris nach Ostfrankreich mit 574,8 km/h raste!

Das Besondere an dem Weltrekord des Siemens-Taurus war, dass an der Lok lediglich die Software geändert wurde, um den Rekord aufzustellen, mechanisch war der Taurus ein Serienfahrzeug mit der offiziellen Höchstgeschwindigkeit von 230 km/h.

3.4 Die Bahnstromsysteme

Andere Länder, andere Sitten: Nur so scheint sich der Flickenteppich erklären zu lassen, betrachtet man die europäische Landkarte unter dem Gesichtspunkt der verwendeten Bahnstromsysteme. Es sind vier verschiedene Hauptsysteme gebräuchlich, ihr Entstehen hat technologische, aber auch politische Gründe. Zu Beginn der E-Traktion stand noch nicht fest, wo der Fortschritt hinführen würde. Während manche Länder wie etwa Deutschland, Österreich und die Schweiz auf Wechselstrom verminderter Frequenz setzten, installierten Frankreich und Italien ein Gleichstromnetz. Als es Mitte des 20. Jahrhunderts möglich war, die so genannte Industriefrequenz von 50 Hertz im Lokomotivbau zu verwenden, gesellte sich noch ein neues Bahnstromsystem hinzu.
Den Ländern ist die künstliche Trennung des grenzüberschreitenden Schienenverkehrs teils bis heute durchaus willkommen. Waren es Anfang des 20. Jahrhunderts militärische Erwägungen, so waren es bald vor allem wirtschaftliche Gründe, die Systemgrenzen lukrativ machen. An einem Transport von den Niederlanden nach Italien verdienten bisher mindestens vier nationale Bahngesellschaften. Dank moderner Mehrsystemloks könnten die dem Transport im Weg stehenden Grenzen bald fallen, aber es sind eben nicht nur die unterschiedlichen Stromsysteme, die es dabei zu überwinden gilt.
Die Fahrleitungsspannung liegt meist zwischen 1.500 und 25.000 Volt. Es gibt in den USA, Kanada und Südafrika auch wenige AC-Hochspannungsbahnen mit einer Fahrleitungsspannung von 50.000 Volt. Das hat den Vorteil, dass man weniger Unterwerke benötigt. Die 125 Kilometer lange Black Mesa & Lake Powell Railroad in den USA hat ein einziges Unterwerk.

Gleichstrom (DC)

200 bis 1.500 Volt:	Grubenbahnen, Nahverkehrsbahnen (U-, S- und Straßenbahnen)
1.500 Volt:	Hauptbahnen in Frankreich und den Niederlanden
3.000 Volt:	Hauptbahnen in Italien, Belgien, Polen

Wechselstrom (AC) verminderter Frequenz

$16^{2}/_{3}$ Hz:	Deutschland, Schweiz, Österreich, Schweden und Norwegen
25 Hz:	USA

Wechselstrom mit Industriefrequenz

50 Hz:	Frankreich, Ungarn, Dänemark

Pioniere der französischen 50 Hz-Elektrifizierung waren die Loks der Baureihe BB 12000. Die staatliche Luxemburger Bahngesellschaft CFL kaufte denselben Typ und reihte ihn als Reihe 3600 ein. Bis vor wenigen Jahren waren die »Fer à repasser« (Bügeleisen) genannten Loks dort noch im Einsatz.

4 Ein paar physikalische Grundlagen

In die beinahe senkrechte Bergwand führt die Strecke von Chur nach St. Moritz auf Höhe des Landwasser Viaduktes. Gerade der Eisenbahnbau im Hochgebirge inklusive Elektrifizierung ist eine besondere Herausforderung. Moderne Drehstrom-Loks wie die der Reihe Ge 4/4 III der Rhätischen Bahn vereinfachen aber den alltäglichen Betrieb.

4.1 Zugförderungsmechanik

4.1.1 Der Kampf gegen die Widerstände

Bevor in diesem Buch auf die Besonderheiten der elektrischen Lokomotiven eingegangen wird, sind wenige mechanische Überlegungen nötig.

Die Bewegung von Zügen ist vergleichsweise einfach zu beschreiben, da es sich im Wesentlichen um eine eindimensionale Translation handelt.

Zur Fortbewegung eines Zuges muss eine Zugkraft wirken. Diese entsteht bei einer E-Lok in den Fahrmotoren, die Drehmomente entwickeln. Die Beförderung eines Zuges ist die fortlaufende Überwindung mechanischer Widerstände:

1. Der Laufwiderstand umfasst den Rollwiderstand zwischen Rad und Schiene, den Reibungswiderstand innerhalb aller Lager und der beweglichen, am Antrieb beteiligten Teile sowie den Luftwiderstand.
2. Der Bogenwiderstand tritt ausschließlich bei Kurvenfahrt auf. Die Ursache ist der ungleich lange Weg, den beide Räder einer Achse in einer Kurve zurücklegen müssen. Es kann zu einem Schlupf zwischen Rad und Schiene kommen. Weiter sorgt die Massenträgheit dafür, dass ein Radsatz, genauer dessen Spurkränze, in einer Kurve gegen die Schiene gedrückt wird. Je enger der Radius, desto größer die wirkenden Kräfte.
3. Der Neigungswiderstand tritt bei Steigungen auf.
4. Wirkt auf einen Körper eine Kraft und er wird aus seinem aktuellen Zustand abgelenkt, so erfährt er eine Beschleunigung. Eine Beschleunigung kann positiv oder negativ sein. Die positive Beschleunigung führt zur Geschwindigkeitssteigerung und eine negative zu einer Geschwindigkeitsminderung (Bremsen). Das heißt, um einen Zug zu beschleunigen, muss eine Kraft wirken, die den Beschleunigungswiderstand überwindet.
5. Beim Anfahren eines Zuges muss der Losbrechwiderstand überwunden werden, der etwa 80 bis 120 N pro Tonne Zuggewicht beträgt.

Die zur Überwindung sämtlicher oben angeführter Widerstände 1. bis 5. nötige Kraft ist die Zugkraft. Betrachtet man die Widerstände etwas genauer, stellt man fest, dass Größen wie der Roll- und Reibungswiderstand von der Gewichtskraft abhängen, während die Beschleunigung

111 001 kämpft mit ihren Silberlingen gleichzeitig gegen den Neigungs- und Bogenwiderstand. Foto: Kiebler

Hochgeschwindigkeitszüge haben weniger Probleme mit der Überwindung von Steigungen als mit engen Kurvenradien. Das gilt auch für den V150 (150 ≡ 150 ms^{-1}), den Rekordzug von Alstom und SNCF, der 2007 eine Geschwindigkeit von 574,8 km/h erreichte. Foto: Alstom

Warum brauchen Zugachsen kein Differential?
Beim Auto werden keine starren Achsen eingebaut. Der unterschiedlich lange Weg, den beide Räder einer Achse in einer Kurve zurücklegen müssen, wird im so genannten Differentialgetriebe ausgeglichen. Eisenbahnachsen haben kein Differential. Möglich machen das die konisch zulaufenden Laufflächen der Radsätze sowie leicht geneigte Schienenprofile. Rollt ein Radsatz in eine Kurve, so verschiebt sich durch die Fliehkraft die Achse relativ zur Schiene so, dass der äußere Radsatz auf einem größeren Teilkreis läuft und automatisch der innere auf einem kleineren Teilkreis. So wird die Wegdifferenz zwischen äußerer und innerer Schiene ausgeglichen. Rollt der Radsatz wieder auf das gerade Gleis, so hat das Rad, das auf dem größeren Teilkreis läuft, die höhere Umfangsgeschwindigkeit. Ein beispielsweise nach rechts ausgelenkter Radsatz zieht deshalb automatisch nach links und umgekehrt ein zu weit links stehender Radsatz nach rechts. So pendelt sich ein Radsatz aus, bis er wieder zentriert läuft. Diese Eigenzentrierung des Radsatzes beschreibt eine Sinuskurve und deshalb heißt dieses charakteristische Verhalten Sinuslauf.

lediglich von der Masse abhängig ist. Der Luftwiderstand ist wiederum flächenabhängig.
Der Laufwiderstand ist eine komplizierte Größe, die aus vielen Einzelkomponenten besteht. Das Besondere ist, dass er sich aus einem konstanten Anteil (z. B. Rollwiderstand, Lagerreibung, Anfahrwiderstand) und geschwindigkeitsabhängigen Komponenten, die linear (Laufunruhewiderstand) und quadratisch sein können, zusammensetzt: $W_L = c_0 + c_1 \cdot v + c_2 \cdot v^2$. Der Laufwiderstand wächst mit der Geschwindigkeit. Das quadratische Glied beschreibt den Luftwiderstand, der mit der Geschwindigkeit am stärksten wächst. Gerade der Luftwiderstand ist schwer zu berechnen, er hängt nicht nur von der Kopfform, sondern etwa auch von der Länge des Zuges ab.
Der Bogenwiderstand ist abhängig vom Kurvenradius. Um die Kräfte bei Hochgeschwindigkeitsfahrten von mehr als 200 km/h zu begrenzen, sind Kurvenradien von mehr als 4.000 Metern üblich. Dies erklärt auch, warum sich bei der Trassierung von Hochgeschwindigkeitsstrecken meist die Landschaft der Fahrbahn anpassen muss und nicht umgekehrt. Auf der Schnellfahrstrecke von Köln nach Frankfurt werden Steigungen bis 40 Promille überwunden, der Mindestradius beträgt dort 3320 Meter.
Der Bogenwiderstand ist jedoch nicht nur für das Triebfahrzeug ein Problem, er ist hauptverantwortlich für die Gleisabnutzung.
Steigungen sind für Züge ein Problem. Der Steigungswiderstand ist meist ein wichtigerer Faktor als der Krümmungswiderstand. Flachland-

In Geislingen haben die beiden Veteraninnen 193 012 und 194 038 Dienst als Schiebeloks und helfen schweren Zügen über die Steige. Während die E 93 mit einer Höchstgeschwindigkeit von 70 km/h noch korrekt nach ursprünglichem DRG-Schema eingereiht wurde, hätte die Baureihe E 94 angesichts ihrer Höchstgeschwindigkeit von 90 km/h eine Einreihung in der Gruppe der Schnell- beziehungsweise Personenzuglokomotiven nötig gemacht. Da hatten die System-Planer der DRG Mitte der 1920er-Jahre den technischen Fortschritt unterschätzt.

Foto: Luers, Slg. Alkofer

strecken haben in der Regel Steigungen bis etwa 15 Promille, im Gebirge werden Strecken bis 22 Promille (Geislinger Steige), 26 Promille (Semmering) beziehungsweise 27 Promille (Gotthard) trassiert.
Bei Schmalspurbahnen sind Steigungen bis etwa 70 Promille im gewöhnlichen Adhäsionsbetrieb (Montreux-Oberland-Bernois-Bahn: 73 Promille) möglich. Müssen noch größere Steigungen auf der Schiene bewältigt werden, wird eine Zahnradbahn nötig.
Es gibt eine Mindestzugkraft, um einen Zug zu bewegen, aber ihn zügig auf eine höhere Geschwindigkeit zu bringen, also zu beschleunigen, erfordert zusätzliche Kräfte. Eine Beschleunigung von einem Meter pro Quadratsekunde, die zum Erreichen einer Geschwindigkeit von 100 km/h nach knapp 30 Sekunden führen würde, erfordert etwa den gleichen Kraftaufwand wie die Überwindung einer zehnprozentigen Steigung.
Der Beschleunigungswiderstand beschreibt mehr als die Trägheit einer Lokomotive in Fahrtrichtung. In ihm werden zusätzlich die Widerstände der rotierenden Massen einer Lokomotive erfasst. Die Radsätze, das Getriebe und Antriebswellen sind alles Bauteile, die jeweils ein eigenes Trägheitsmoment aufweisen, das in einem Gesamtträgheitsmoment berücksichtigt werden muss. Im Endeffekt erhöhen diese Rotationsträgheitsmomente rechnerisch die Gesamtmasse. Für elektrische Lokomotiven führt die Berücksichtigung der rotierenden Antriebsteile zu einer rechnerischen Massenzunahme um den Faktor 1,15 bis 1,3.

4.1.2 Die Reibung

Wie bereits erwähnt, kann man, wenn alle Widerstände berücksichtigt und addiert sind, auf die erforderliche Zugkraft einer Lokomotive schließen. Damit ein Zug nun in Bewegung kommt, muss diese Zugkraft kleiner als die Haftreibungskraft zwischen den angetriebenen Rädern und den Schienen sein.

$F_Z \leq F_H = \mu \cdot G = \sum nF_H \approx \mu \cdot \sum nG = \mu \cdot m_r \cdot g;$

F_Z = Zugkraft
F_H = Haftreibungskraft
m_r = Reibungsmasse des Triebfahrzeugs
g = Erdbeschleunigung

μ ist die Haftreibungszahl. Sie ist nur annähernd eine Materialkonstante und hängt von zahlreichen Faktoren wie etwa der Oberflächenbeschaffenheit ab: Raue Oberflächen weisen einen höheren Haftreibungskoeffizienten auf. Neben der Oberflächenbeschaffenheit spielen Verunreinigungen und Feuchtigkeit eine große Rolle, sie vermindern die Haftreibung erheblich. Auch die Geschwindigkeit spielt eine Rolle, je höher die Geschwindigkeit, desto kleiner ist μ.
Bei sehr guten Bedingungen kann eine Lokomotive eine Anfahrzugkraft von maximal etwa 3,3 kN pro Tonne Reibungsgewicht entwickeln, das heißt, eine 84 Tonnen schwere, vierachsige Lok schafft es auf eine maximale Anfahrzugkraft von ungefähr 277 kN. Bei der Zugbildung und der Fahrplanerstellung darf man jedoch nicht von einem solchen Optimal-Wert ausgehen, man rechnet höchstens mit 2 kN/t.
Ist die Zugkraft höher als die Haftreibung, beginnt der betroffene Radsatz zu schleudern, die Umfangsgeschwindigkeit des Rades ist größer als die Fahrgeschwindigkeit. Der umgekehrte Fall, die Radumfangsgeschwindigkeit ist kleiner als die Fahrgeschwindigkeit, bedeutet, dass der Radsatz zu gleiten beginnt. Schleudern und Gleiten sind gefürchtet, da in

Vergleich von Haftreibungswerten (Stahlräder auf Eisenschienen):

Laborbedingungen, höchste Sauberkeit, Vakuum	$\mu = 0{,}8$
Laborbedingungen, höchste Sauberkeit, Luftfeuchtigkeit < 30%	$\mu = 0{,}7$
Laborbedingungen, höchste Sauberkeit, Luftfeuchtigkeit > 70%	$\mu = 0{,}6$
Bei besten natürlichen Voraussetzungen	$\mu = 0{,}4$
Trockene Schienen, durchschnittliche Bedingungen, v = 40km/h	$\mu = 0{,}25$
Trockene Schienen, durchschnittliche Bedingungen, v = 80km/h	$\mu = 0{,}22$
Trockene Schienen, durchschnittliche Bedingungen, v = 200km/h	$\mu = 0{,}19$
Bei sehr schlechten Voraussetzungen	$\mu = 0{,}1$

Schwer zu kämpfen mit der widrigen Witterung und somit auch mit der Haftreibung hat diese 1042 der ÖBB am 30. Dezember 1986 in Zell am See.
Foto: Luers, Slg. Alkofer

diesem Fall ein noch niedrigerer Gleitreibungs-Koeffizient als bei der Haftreibung gilt. Der Bremsweg verlängert sich. Eine schleudernde Lok kann keinen Zug mehr ziehen, und haben Gleiten oder Schleudern erst einmal begonnen, verstärken sie sich sogar. Das Schleudern kann an der Schiene lokal starke Beschädigungen hervorrufen, während das Gleiten am Radsatz zu Flachstellen führen kann.

Um zusätzliche Haftreibung zu gewinnen und ein Schleudern oder Gleiten zu verhindern, verfügen Lokomotiven über Sandungseinrichtungen, die feinen Sand vor die angetriebenen Radsätze rieseln lassen. Beim Anfahren kann die Zugkraft durch Sand auf der Schiene auf immerhin 4 kN/t gesteigert werden.

4.1.3 Die Achsentlastung

Als zugkraftsenkend ist noch die Achsentlastung zu berücksichtigen. Im Stillstand sind beispielsweise bei einer vierachsigen E-Lok alle Achsen gleichmäßig belastet. Auf jede Achse wirkt ein Viertel der Gesamtgewichtskraft der Lok.

Beim Auto fahren kennt man die Eigenschaft, dass das Chassis sich beim Beschleunigen vorne hebt und sich beim Bremsen auf die Vorderachse senkt. Eine derartige Achsentlastung findet man auch bei einem scheinbar so starren Fahrzeug wie einer Lok. Beim Anfahren bäumt sich die Lok auf, das heißt, die Vorderachse wird entlastet, auf sie wirkt eine geringere Gewichtskraft und die hintere Achse wird zusätzlich belastet. Bei Drehgestelllokomotiven tritt diese Achsentlastung in jedem einzelnen Drehgestell auf.

Problematisch wird es, wenn alle Achsen einzeln angetrieben werden und die Lok sich beim Anfahren an der Haftreibungsgrenze befindet: Dann geht an den entlasteten Achsen Reibungsgewicht verloren, das an den stärker belasteten Achsen nicht in Zugkraft umgesetzt werden kann. Die Zugkraft wird vermindert.

Die Achsentlastung wird von den Ingenieuren konstruktiv berücksichtigt. In vorelektronischen Zeiten wurde das Problem mechanisch mit Druckhebeln gelöst, heute sorgt zusätzlich eine ausgefeilte Elektronik für die nötige Ansteuerung der Antriebe.

Bild: Slg. Alkofer

In Großbritannien heißt Baureihe »Class« und britische E-Loks belegen die 80er-Zahlen. Eine Class-83-Lok der British Rail passiert am 22. Juni 1974 Crewe. Von der 3.000 PS (rund 2.200 kW) starken Type wurden in den Jahren 1960/61 nur 15 Stück gebaut. Die Baureihe hatte ein sehr geringes Gewicht von nur 73 Tonnen und erreichte damit eine Höchstgeschwindigkeit von respektablen 100 mph (rund 160 km/h). Erwähnenswert ist sie aber vor allem wegen ihrer Ignitron-Quecksilberdampf-Gleichrichter-Steuerung. 14 Lokomotiven erhielten Quecksilberdampf-Gleichrichter, das 15. Exemplar wurde bereits mit Gleichrichtern auf Silizium-Basis (Dioden) ausgestattet.

4.2 Strom, Spannung und Magnetismus

Elektrizität ist schon lange bekannt. Nicht umsonst stammt der Begriff vom griechischen Wort für Bernstein (elektron) ab. Die Legende besagt, dass Thales von Milet die bekannte Reibungselektrizität beim Reiben von Bernstein erkannte. Viele Phänomene der Elektrostatik zählen auch zu unseren Alltagserfahrungen wie etwa das Knistern beim Ausziehen eines Kunstfaser-Pullovers, das durch kleine Entladungen entsteht. Beinahe bis gegen Ende des 19. Jahrhunderts hatte die Elektrizität nur den Rang eines Phänomens ohne Anwendungsgebiet. 1789 entdeckte der Bologneser Arzt Luigi Galvani (1737 bis 1798) bei seinen berühmten Froschschenkelversuchen, bei denen er den Einfluss elektrischer Reize auf die Muskelkontraktion untersuchte, das Prinzip des nach ihm benannten galvanischen Elements, die Verallgemeinerung der Batterien, Akkumulatoren und Brennstoffzellen. Aber die in diesen Elementen erzeugten Spannungen und Leistungen reichten nicht, um etwa ein Fahrzeug anzutreiben. Im späten 18. Jahrhundert und in der ersten Hälfte des 19. Jahrhunderts war die Erforschung der Elektrizität eine der Hauptbetätigungen der damaligen Physiker. Es war die Zeit, in der auch die bis heute namensgebenden Naturforscher wirkten: André-Marie Ampère (1775 bis 1836), er erkannte, dass stromdurchflossene Leiter ein Magnetfeld erzeugen, sein Nachname steht für die Einheit der Stromstärke; Georg Simon Ohm (1789 bis 1854), sein Name bezeichnet bis heute die Einheit des elektrischen Widerstands, sowie Alessandro Giuseppe Antonio Anastasio Graf von Volta (1745 bis 1827), sein Name ist untrennbar mit der elektrischen Spannung verbunden.

Auch der Magnetismus war der Menschheit in Form des natürlichen Ferromagnetismus schon lange ein Begriff. Das Erdmagnetfeld und die Orientierung mit der magnetischen Kompassnadel kannten europäische Seefahrer bereits seit etwa dem 13. Jahrhundert.

Der dänische Physiker Christian Oersted (1771 bis 1851) beschrieb 1820 die Wechselwirkung zwischen elektrischen Strömen und Magneten. Die entscheidenden Entdeckungen machte Michael Faraday (1791 bis 1867), er formulierte als erster die elektromagnetische Induktion: Wird ein elektrischer Leiter in einem Magnetfeld bewegt, entsteht in ihm

Am 6. September 2006 verlässt eine beeindruckende Dreifachlokomotive das russische Saratow. Foto: Emersleben

eine Induktionsspannung, falls er sich nicht genau in der Richtung des magnetischen Feldes bewegt (parallel zu den Feldlinien). Die größte Spannung entsteht, wenn sich der elektrische Leiter senkrecht zum Magnetfeld bewegt. Eine Spannung wird auch induziert, falls sich der Leiter nicht bewegt, sich dafür aber das Magnetfeld entsprechend ändert. Die entscheidende Tatsache ist die Änderung des magnetischen Flusses.
Die elektromagnetische Induktion ist die Basis für das Verständnis elektrischer Maschinen.

Einschub
In den folgenden Kapiteln werden die wichtigsten Phänomene beschrieben, die einen Einblick in das Wirken elektrischer Ströme geben. Die Phänomene, die in der Physik in der Regel in Form von Gesetzen und mathematischen Gleichungen formuliert und quantifiziert werden, können in diesem Buch nur qualitativ beschrieben werden.

4.2.1 Die elektrische Ladung

Grundvoraussetzung für alle elektrischen Phänomene ist das Vorhandensein von Ladungen. Schon Charles Augustin de Coulomb (1736 bis 1806) erkannte Ende des 18. Jahrhunderts, dass es unterschiedliche Ladungen (positive und negative) gibt, die Kräfte aufeinander ausüben: Gleichnamige Ladungen stoßen sich ab, ungleichnamige ziehen sich an.

4.2.2 Elektrisches Feld, Spannung beziehungsweise Potenzial

Zwischen zwei elektrischen Ladungen herrscht ein elektrisches Feld. Physiker verwenden gerne zur Beschreibung von Vielteilchensystemen Felder. Das elektrische Feld ist ein Vektorfeld und Feldlinien beschreiben es. Die Feldstärke wird grafisch durch die Dichte der Feldlinien dargestellt. Die elektrischen Feldlinien laufen von einer positiven Ladung (Quelle) zu einer negativen Ladung (Senke).
In allen Feldern wirken Kräfte. Bewegt sich ein Teilchen im Feld, wird Arbeit geleistet. Das anschaulichste Beispiel ist das Schwerefeld (Gravitationsfeld) der Erde. Ob man nun den Gipfel eines Berges auf direktem Weg erklimmt oder sich in Serpentinen nähert, die geleistete Arbeit ist gleich. Diese Wegunabhängigkeit gilt auch im elektrischen Feld. Der springende Punkt ist, dass in einem physikalischen Feld die Möglichkeit (das Potenzial) besteht, dass auf einen geeigneten Körper eine Kraft einwirkt und Arbeit geleistet wird. Die Potenzialdifferenz zwischen zwei Punkten innerhalb eines elektrischen Feldes bezeichnet man als Spannung. Die Einheit ist das Volt. Entscheidend ist die Differenz, das heißt, die Spannung zwischen zwei Punkten A und B beträgt 100 Volt, egal ob an Punkt A das Potenzial 1.000 Volt und an Punkt B das Potenzial 900 Volt beträgt, oder ob an A 100 Volt liegen und an B 0 Volt.

4.2.3 Der elektrische Strom

Liegt ein elektrisches Potenzial vor und befindet sich in diesem Feld eine elektrische Ladung, so wirkt auf die Ladung eine Kraft in Richtung der Feldlinien, das Ladungsteilchen bewegt sich, es fließt ein elektrischer Strom. Die Grundvoraussetzungen für das Fließen eines Stromes sind also eine Spannung sowie die Anwesenheit von beweglichen Ladungen. Die Stärke des Stroms ist definiert durch die in einem Zeitintervall fließende Ladungsmenge: $I = dQ / dt$.

4.2.4 Leiter und Nichtleiter

Unsere alltägliche Umwelt ist elektrisch neutral. Es gibt um uns herum kaum natürliche elektrische Quellen oder Senken. Die meisten uns umgebenden Stoffe sind schlechte Leiter für den elektrischen Strom. Das hat mit der atomaren Struktur unserer Welt zu tun. Jedes Atom ist in seiner Grundstruktur elektrisch neutral, besteht zunächst aus gleich vielen positiven elektrischen Ladungen im Atomkern wie negativen Elektronen in der Atomhülle. Das gilt auch für die meisten molekularen Verbindungen.
Anders sieht es aus bei metallischen Festkörpern. Das Besondere dieser Strukturen ist das Vorhandensein freier Elektronen. Diese freien Elektronen können sich nun bei Anliegen einer Spannung bewegen und ein Strom fließt. Metalle sind Leiter.
Dagegen sind die meisten Nichtmetalle auch Nichtleiter. Der Fachausdruck für einen Nichtleiter ist Isolator oder Dielektrikum.
Nichtleiter sind Stoffe, deren Elektronen fest an die Atome gebunden sind. Dazu gehören die meisten Nichtmetalle sowie Kunststoffe und die meisten organischen Verbindungen. Klassische Beispiele für Isolatoren sind Glas, Keramik und trockenes Holz.

Foto: Schiestl

In Italien steht am Beginn ebenfalls das »E«, gefolgt von einer dreistelligen Baureihennummer, die Angaben über die Achszahl gibt. E444.042 passiert im Sommer 1982 den Adria-Badeort Cattolica. Die »Italienische 103«, die Baureihe E444 »Tartaruga« (Schildkröte) wurde Ende der 1960er-Jahre für Schnellzüge bis 200 km/h entworfen. Die Dauerleistung der Lok beträgt 3.760 kW. Bemerkenswert ist der Einbau einer fahrdrahtunabhängigen, batterieerregten Gleichstromwiderstandsbremse.

4.2.5 Der elektrische Widerstand und das Ohmsche Gesetz

Aus der Feststellung, dass es leitende und nicht leitende Stoffe gibt, stellt sich auch die Frage nach der Leitungsqualität und daraus folgt unmittelbar die Definition des elektrischen Widerstands: Er beschreibt das Vermögen einer Ladung, sich in einem elektrischen Feld zu bewegen und zeigt einen Zusammenhang zwischen Spannung und Strom. Ohm formulierte sein berühmtes Gesetz:

$U = R \cdot I$

Übersetzt heißt das, Strom und Spannung sind proportional und die Proportionalitätskonstante R heißt elektrischer Widerstand.

Der elektrische Widerstand ist eine Materieeigenschaft, je höher er ist, desto schlechter ist die elektrische Leitfähigkeit und umgekehrt. Metalle haben einen geringen elektrischen Widerstand, aber er ist nicht für alle Metalle gleich, so ist Kupfer ein besserer Leiter als Eisen. Der elektrische Widerstand ist stark temperaturabhängig. Metalle zeigen bei höheren Temperaturen eine schlechtere Leitfähigkeit, aber auch der umgekehrte Fall kommt vor, etwa bei Kohlenstoff.

Außer von den Materialeigenschaften hängt der Widerstand beispielsweise eines Stromkabels auch von dessen Länge und Querschnitt ab. Ist der meist verwendete Kupferdraht sehr lang und dünn, ist der elektrische Widerstand wesentlich

höher als bei einem kurzen und dicken Draht.
Der materialspezifische Ausdruck für den Widerstand lautet: $R = \rho \cdot l \cdot A^{-1}$, mit ρ = spezifischer Widerstand, l = Länge des Leiters und A = Querschnittsfläche des Leiters. Wenn Strom fließt, bewegen sich die Elektronen im Leiter, die dabei entstehende Reibung wird als Wärme frei. Elektrische Energie kann direkt in Wärme, die so genannte Joulesche Wärme verwandelt werden: $W = U \cdot Q = U \cdot I \cdot t$.
Die Einheit der Energie ist: 1 Wattsekunde (Ws) = 1 Joule (J) = 1 Newtonmeter (Nm).
Betrachtet man Energie pro Zeitintervall kommt man zum Leistungsbegriff: $P = W \cdot t^{-1}$. Die Einheit der Leistung ist: 1 Watt (W).

4.2.6 Magnetismus

Seit langem ist der natürliche Ferromagnetismus bekannt. Wiederum die alten Griechen beschrieben das Phänomen, dass Eisenteile von bestimmten Mineralien angezogen werden. Ferromagnetismus tritt auf bei eisenhaltigen Mineralien, aber auch Nickel- und Cobaltverbindungen können ferromagnetisch sein.
Magnetismus ist eine atomare Eigenschaft. Man unterscheidet diamagnetische Stoffe, die von einem Magnetfeld leicht abgestoßen werden und paramagnetische Stoffe, die schwach angezogen werden. Der Ferromagnetismus ist eine etwa um den Faktor 10^5 stärkere Spezialform des Paramagnetismus.
Magnetische Momente auf atomarer Ebene richten sich in der Regel so aus, dass sie sich in der makroskopischen Welt gegenseitig aufheben.

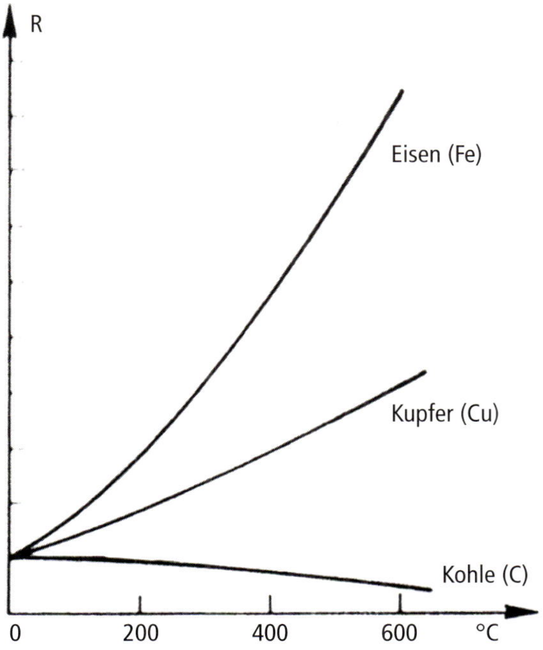

Die Leitfähigkeit ist bei einigen Materialien stark temperaturabhängig.

Ein Magnet besitzt wie eine elektrische Ladung ein Feld, dessen Feldlinien scheinbar vom magnetischen Nord- zum Südpol laufen. Im Gegensatz zur Elektrizität gibt es keine magnetischen Monopole beziehungsweise Ladungen, ein Nordpol existiert nicht ohne einen Südpol. Magnetische Feldlinien sind stets geschlossen.
Der dänische Physiker Christian Oersted beobachtete, dass eine Magnetnadel einen Ausschlag zeigt, wenn in ihrer Nähe ein Strom durch einen Leiter fließt. Oersted entdeckte den Elektromagnetismus. Das magnetische Feld zeigt sich in Form konzentrischer Kreise um den Leiter. Die Stärke des entste-

Einen Spezialfall bilden die Ferromagnetika. In Ihnen können sich atomare Momente in kleinen Kristallzellen, den Weißschen Bezirken, spontan so orientieren, dass ihre Einzelfelder parallel stehen. Lässt man nun ein äußeres Magnetfeld auf einen ferromagnetischen Stoff wirken, so richten sich die einzelnen Weißschen Bezirke an dem äußeren Feld aus. Wird das äußere Feld nun abgeschaltet, bleibt die Orientierung bei Ferromagnetika erhalten. So entstanden auch die natürlichen Magnete, die häufig aus dem Mineral Magnetit beziehungsweise Magneteisenstein ($FeO \cdot Fe_2O_3$) bestehen, deren Magnetisierung auf langem Verweilen im Erdmagnetfeld beruht.

henden Feldes ist abhängig von der Stromstärke und vom Abstand vom Leiter. Je stärker der Strom und je geringer der Abstand vom Leiter, desto stärker ist es.
Man denke sich den Draht nun zu einer Schlaufe geformt. Fließt nun Strom durch die Schlaufe, so sieht ihr magnetisches Feld wie das eines Stabmagneten aus, der senkrecht im Mittelpunkt der Schlaufe steht. Wird die Schlaufe nun spiralförmig zu einer zylindrischen Spule gewickelt, so nähert sich das Aussehen immer mehr dem eines langgestreckten Stabmagneten. Im Inneren einer hinreichend langen Spule verlaufen die Feldlinien annähernd parallel und bilden ein homogenes Magnetfeld. An den Spulenenden liegen jeweils der magnetische Nord- und Südpol.
Eine stromdurchflossene Spule wirkt als Elektromagnet. Was sich im Inneren der Spule befindet, ist gleichgültig, außer es handelt sich um ein ferromagnetisches Material. Schiebt man einen Eisenkern in das Spuleninnere, so wird er magnetisiert und die beiden entstandenen Magnetfelder überlagern und verstärken sich um ein Vielfaches.

a)

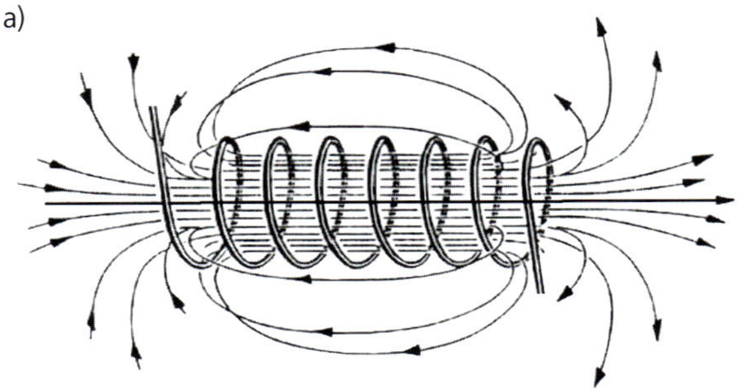

b)

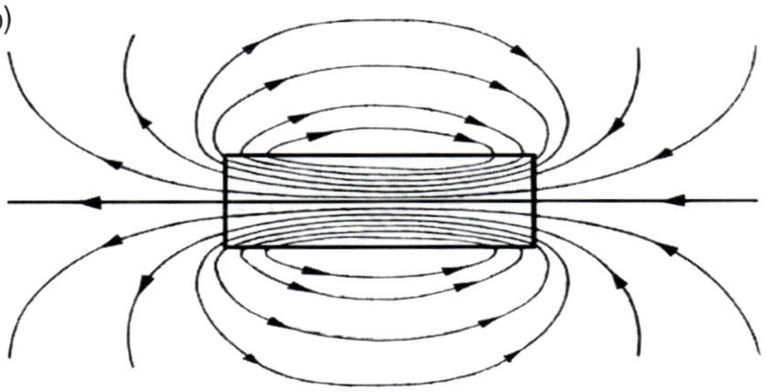

Vergleicht man die Magnetfeldlinien, d. h. die räumliche Ausrichtung des Feldes, einer langgestreckten Spule (a) mit denen eines Stabmagneten (b), erkennt man deutlich die Ähnlichkeit.

4.2.7 Die elektromagnetische Induktion

Die Induktion ist für unseren Alltag eines der wichtigsten elektrodynamischen Phänomene, sie ist Ursache für die Funktion sämtlicher elektrischer Maschinen wie Motoren und Generatoren. 1831 gelang Faraday die Umkehr der Oersted-schen Erkenntnisse: In einem elektrischen Leiter fließt bei seiner Bewegung im Magnetfeld ein Strom.
Folgender Gedankenversuch: Nähert man sich mit einem Stabmagneten, etwa mit dem magnetischen Nordpol, einer Drahtschlaufe, die mit einem Messinstrument (Voltmeter) verbunden ist, wird der Zeiger des Messgeräts einen Ausschlag zeigen; einen Ausschlag sieht man auch, wenn man den Magneten wieder entfernt. Wiederholt man den Versuch mit der Südpolseite, erhält man ein ähnliches Ergebnis, der Zeigerausschlag auf dem Messgerät zeigt jedoch in die entgegengesetzte Richtung.
Was ist passiert? Die Bewegung des Stabmagneten erzeugt ein sich änderndes Magnetfeld in der Nähe der Spule, die Folge ist, dass in der Spule ein Induktionsstrom fließt. Der entscheidende Punkt ist die Änderung des Magnetfeldes, genauer des magnetischen Flusses: Ändert sich dieser, wird in einem Leiter eine Spannung induziert. Den Stabmagneten kann man auch durch eine Spule, durch die eine Spannung fließt, ersetzen. Die Änderung des magnetischen Flusses kann durch Variation der Stromstärke vorgenommen werden.

Wichtig ist es noch, die Richtung des induzierten Stromes zu betrachten. Der deutsche Physiker Heinrich Friedrich Emil Lenz (1804 bis 1865) stellte dazu die nach ihm benannte Regel auf: Der induzierte Strom fließt stets so, dass er seiner Ursache entgegenwirkt, das heißt die Stromrichtung ist so gerichtet, dass das vom induzierten Strom gebildete Magnetfeld dem auslösenden Magnetfeld entgegengerichtet ist.
Zusammenfassend kann man sagen, dass Magnetfelder in der Lage sind, Ströme zu induzieren und Ströme Magnetfelder erzeugen.

4.3 Der Gleichstrom-Elektromotor

Mit dem Verständnis der bisher beschriebenen Phänomene kann man eine elektrische Maschine wie den Gleichstrommotor konstruieren.

Zum Grundverständnis des Elektromotors reicht seine einfachste Ausführung: In einem hufeisenförmigen Magneten sei oben der Nordpol und unten der Südpol. Zwischen den beiden Polen sei eine Spule drehbar gelagert. Die Spulenachse steht senkrecht zur Magnetfeldrichtung.
Fließt durch die Spule nun ein Strom, entsteht in ihr ein stabförmiges Magnetfeld. Ungleichnamige Pole ziehen sich an, das heißt die Spule richtet sich so aus, dass ihr Nordpol in Richtung des Südpols des Hufeisenmagneten zeigt und umgekehrt. Ist dieser Zustand erreicht, ist die Drehung zunächst am Ende.
Um eine kontinuierliche Bewegung zu erzeugen, muss jetzt der Strom unterbrochen und dann die Stromrichtung umgepolt werden. Im kurzen stromlosen Intervall dreht sich die Spule aufgrund ihrer Trägheit noch ein Stück weiter, bevor der Strom in die entgegengesetzte Richtung fließt. Dadurch ändert sich in der Spule auch die Richtung des Magnetfeldes. Gleichnamige Magnetfelder stehen sich jetzt gegenüber und stoßen sich ab, der Motor dreht sich weiter.
Das Bauteil, das für die Umpolung sorgt, heißt Kommutator. Die sich drehende Spule ist der Anker oder Rotor und der Huf-

Die kleine Westschweizer Montreux-Oberland-Bernois-Bahn (MOB) verbindet Zweisimmen mit Montreux. Bekanntheit erlangte die Bahn durch ihre Panoramazüge und manch ausgefallen beklebte Werbelokomotive der Reihe Ge 4/4 III, die übrigens nicht nur äußerlich nahe verwandt zur Wechselstrom Ge 4/4 III der RhB ist.

eisenmagnet wird Stator bezeichnet. Der Permanentmagnet wird bei leistungsfähigen, größeren Motoren durch einen Elektromagneten ersetzt. Werden bei einem Elektromotor Stator und Rotor vom selben Strom durchflossen, das heißt, sind sie in Reihe geschaltet, spricht man von Reihenschlusserregung. Sind Rotor- und Statorstrom parallel geschaltet oder werden sie von unterschiedlichen Quellen erregt, spricht man von Nebenschlusserregung. Reihenschluss- und Nebenschlussmaschinen zeigen unterschiedliches Verhalten.

4.4 Der Wechselstrommotor

Jeder Gleichstrommotor funktioniert bis auf einige technische Details prinzipiell auch als Wechselstrommotor, der Aufbau ist nahezu identisch, auf die entscheidenden Unterschiede wird später eingegangen.

4.5 Der Generator

Stillschweigend sind wir bei den bisherigen Überlegungen von gleich bleibenden Spannungen beziehungsweise konstanten Strömen ausgegangen oder haben keine genaueren Angaben über die Beschaffenheit gemacht. Konstante Ströme beziehungsweise Spannungen bezeichnet man als Gleichströme oder -spannungen. Man müsste nicht näher darauf eingehen, gäbe es nicht auch andersartige Ströme und Spannungen, die so genannten Wechselströme beziehungsweise -spannungen. Diese prägen unseren Alltag mehr als Gleichströme/-spannungen. Die meisten unserer alltäglich aus Haushaltssteckdosen betriebenen Elektrogeräte benötigen Wechselstrom/-spannung.

Für den Einsatz vor leichten Schnellzügen bestellt die schwedische Staatsbahn SJ 1953 ihre ersten laufachslosen Lokomotiven mit zweiachsigen Drehgestellen. Bei einem Gewicht von nur 65 Tonnen und einer Stundenleistung von immerhin 2.640 kW erreichten die als Ra bezeichneten und als »Rapid-Loks« bekannt gewordenen ASEA-Produkte stolze 150 km/h. Foto: Hruza

Wechselstrom wird international als **A**lternating **C**urrent, beziehungsweise mit dem Kürzel **AC** bezeichnet, die englische Bezeichnung für Gleichstrom ist **D**irect **C**urrent mit dem Kürzel **DC**. Im weiteren Verlauf dieses Buches wird von den beiden Kürzeln AC und DC häufig Gebrauch gemacht, wobei AC auch zur Kennzeichnung einer Wechselspannung und DC auch zur Beschreibung einer Gleichspannung verwendet wird.

Während eine Batterie als Prototyp einer Gleichspannungsquelle angesehen werden kann und konstant beispielsweise 1,5 Volt abgibt wie die bekannten Baby- oder Mignonzellen, schwankt die Spannung bei einer Wechselspannungsquelle (periodisch) zwischen einem Spannungsmaximum und einem –minimum. Es kommt nun darauf an, wie der zeitliche Verlauf der Schwankung aussieht: Die Spannung kann linear ansteigen und am Maximum steil zum Minimum abfallen, dann spricht man von einer Sägezahnspannung, springt die Spannung lediglich zwischen einem Maximal- und einem Minimalwert, erhält man die Rechteckspannung und die bekannteste Form einer Wechselspannung hat einen periodischen kurvenförmigen Verlauf, der einer Sinuskurve gleicht.
Warum ist dieser sinusförmige Spannungsverlauf so bedeutend? Eine derartige Spannung entsteht gewöhnlich bei der Stromerzeugung in einem Kraftwerk. Die dafür verantwortliche elektrische Maschine ist der Wechselstromgenerator.
Der Aufbau eines einfachen Wechselstromgenerators ist dem des bereits erwähnten Gleichstrommotors sehr ähnlich: In einem äußeren Magnetfeld befindet sich eine Spule, die so aufgehängt ist, dass sie sich um eine Spulenebene dreht, die senkrecht zum wirkenden Magnetfeld steht. Die Spule wird nun mit konstanter Winkelgeschwindigkeit gedreht. Von den beiden Spulenenden kann die entstehende Spannung mit Schleifringen abgenommen werden.

Mathematisch betrachtet:
Der durch die Leiterschlaufe gehende magnetische Fluss berechnet sich folgendermaßen:
$\Phi = A \cdot |B| \cdot \cos\alpha$; A = Fläche, B = magnetische Flussdichte
Dreht sich die Schleife einmal um ihre Achse, entspricht das dem Winkel 2π, die Umlaufdauer ist T
$\rightarrow 2\pi/T = \omega$ (Winkelgeschwindigkeit)
Für einen beliebigen Umdrehungswinkel α, der in der Zeit t erreicht wird gilt:
$t/T = \alpha/2\pi \rightarrow \alpha = 2\pi/T \cdot t$
oben eingesetzt:
$\Phi = A \cdot |B| \cdot \cos(2\pi/T \cdot t)$
Für die induzierte Spannung gilt:
$U = - d\Phi/dt = 2\pi/T\, A \cdot |B| \sin 2\pi/T \cdot t$
Mit ω folgt: $U = \omega A \cdot |B| \sin \omega \cdot t$
Den größten Wert nimmt die Wechselspannung an wenn $\sin\omega \cdot t = 1$,
das heißt wenn $\omega \cdot t = \alpha = \pi/2$
Man nennt nun $\omega A \cdot |B| = U_0 \rightarrow U = U_0 \sin\omega \cdot t$
Wenn man $\nu = 1/T$ als Umdrehungsfrequenz (Drehzahl) definiert, dann folgt
$U = U_0 \sin 2\pi\nu \cdot t$
Dieser Ausdruck beschreibt die beim Drehen der Spule entstehende Wechselspannung: Sie ist sinusförmig, das Maximum ist U_0, heißt Scheitelspannung oder Amplitude, und hat die Frequenz ν. T heißt Periodendauer und ω nennt man die Kreisfrequenz. Wird diese so entstandene Wechselspannung durch einen Stromkreis geschlossen, kann man einen Wechselstrom messen, der folgende Form hat:
$I = I_0 \sin(2\pi\nu \cdot t + \varphi) = I_0 \sin(\omega \cdot t + \varphi)$
Diese Gleichung beschreibt auch den Wechselstrom einer gewöhnlichen Haushaltsleitung.

Am 25. Mai 1989 verlässt ein so genannter »Holzroller«, 211 180-5, mit einem Gex (Güter-Express) am Zughaken den Berliner Hauptbahnhof in Richtung Riesa.
Foto: Emersleben

Bei der Drehung ändert sich die Spulenfläche, die senkrecht vom magnetischen Fluss durchsetzt wird, das heißt, der Fluss ändert sich. Eine Flussänderung induziert, wie bereits erwähnt, eine Spannung, der Generator arbeitet.
Alle elektrischen Generatoren wandeln mechanische Leistung in elektrische Leistung. Der Generator ist die elektrische Maschine zur Stromerzeugung. Die mechanische Leistung stammt in der Regel aus der Rotation einer mechanischen Welle, bei der industriellen Stromgewinnung meist die Fortsetzung der Welle einer Dampf- oder Gasturbine.
Die erzeugte elektrische Leistung ist äquivalent zur eingesetzten mechanischen Leistung, abzüglich der auftretenden Verluste. Damit folgt die Leistungsgleichung eines elektrischen Generators:
$P_{el} = P_{mech} - P_v$
P_{el} ist die erzeugte elektrische Leistung, P_{mech} ist die zugeführte mechanische Leistung, P_v ist die Verlustleistung.

4.6 Besonderheiten bei Wechselströmen

Die Behandlung von Wechselströmen und ihren Eigenschaften ist nicht mehr ganz so einfach wie bei den Gleichströmen, wo das Wissen um das Ohmsche Gesetz, $U = R \cdot I$ schon ziemlich weit führt.

4.6.1 Effektivstrom und -spannung

Schon das Messen einer Wechselspannung beziehungsweise eines -stromes ist nicht trivial, kein Instrument wäre bei den meisten Frequenzen schnell genug, um einen Ausschlag anzeigen zu können, geschweige denn, dass man die Anzeige ablesen könnte. Man benötigt ein Instrument, das Spannungen beziehungsweise Ströme unabhängig von ihrer Richtung misst. Der Ausschlag solcher Instrumente ist jedoch proportional zum Quadrat des Wechselstromes, beziehungsweise der -spannung, und sie zeigen so genannte Effektivwerte an:

$I_{eff} = I_0/\sqrt{2}$ beziehungsweise $U_{eff} = U_0/\sqrt{2}$

4.6.2 Wirk- und Blindleistung

Wie beim Gleichstrom ist auch die Wechselstromleistung das Produkt aus Strom und Spannung. Vorausgesetzt, Strom und Spannung sind in Phase, das heißt ihre beiden Sinusfunktionen sind zeitlich nicht gegeneinander verschoben, Strom und Spannung haben zur gleichen Zeit ihr Maximum. Dann ist die Leistung:

$P = (I_0 \cdot U_0)/2 = I_{eff} \cdot U_{eff}$

Für die während einer Periode geleistete Arbeit gilt:

$A_T = I_{eff} \cdot U_{eff} \cdot T = (I_0 \cdot U_0 \cdot T)/2$

Befinden sich in einem Wechselstromkreis jedoch Spulen (Induktivitäten) oder Kapazitäten (Kondensatoren), so entnehmen sie dem Netz Blindleistung zum Aufbau von elektrischen und magnetischen Feldern und die Folge sind Phasenverschiebungen zwischen Strom und Spannung. Was aber, wenn Strom und Spannung ihre Maxima zu unterschiedlichen Zeiten erreichen? Dann gibt es Zeitintervalle, wo die Größen unterschiedliche Vorzeichen besitzen, die Arbeit kann negative Werte annehmen, elektrische Energie aus dem Stromkreis wird der Stromquelle zurückgegeben.

$dA = U_0 \; \sin\omega \cdot t \cdot I_0 \; \sin(\omega \cdot t - \varphi) \; dt$

Eine mathematische Lösung der Gleichung führt zu folgendem Ausdruck für die Arbeit während einer Periode:

$A_T = ½ \, I_0 \cdot U_0 \cdot T \cos\varphi = ½ \, I_{eff} \cdot U_{eff} \cdot T \cos\varphi$

Für die elektrische Leistung gilt dann

$P = I_{eff} \cdot U_{eff} \cos\varphi$

Diese Leistung wird vom Wechselstrom tatsächlich an einen Stromkreis abgegeben und heißt deshalb auch Wirkleistung.

Es gibt sogar den leistungslosen Strom, falls Strom und Spannung so gegeneinander verschoben sind, dass sobald eine Komponente ihr Maximum erreicht, die andere gerade den Wert 0 hat, das heißt $\varphi = ½ \, \pi$ oder 90°.

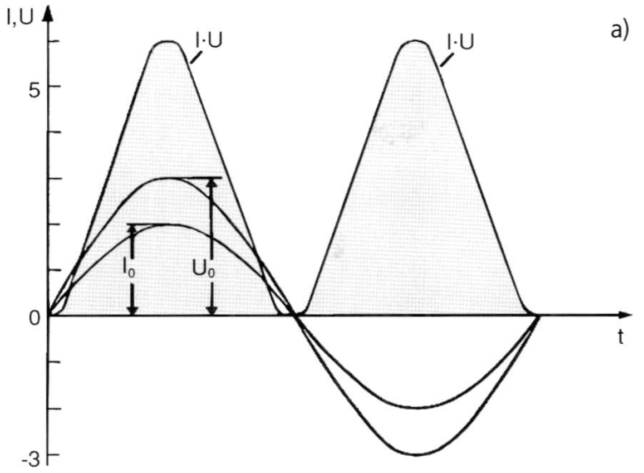

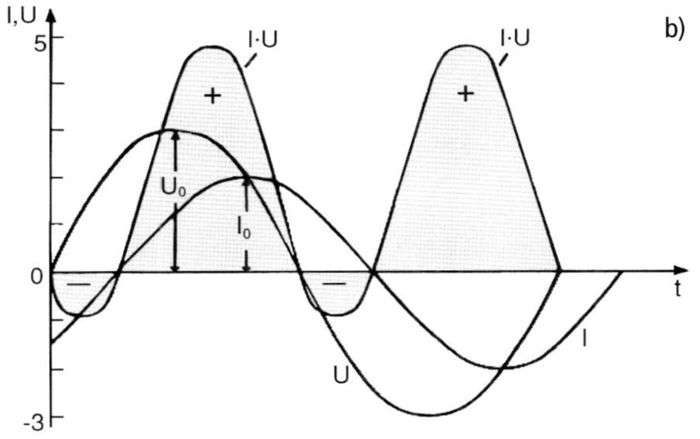

Die Grafik verdeutlicht: Sind Strom und Spannung in Phase (a), ist die Leistung (r.u.) stets positiv, anders, wenn etwa eine Phasenverschiebung von 45° (b) vorliegt, dann gibt es auch einen Bereich, wo die Leistung negativ wird.

Das Ohmsche Gesetz gilt auch in Wechselstromkreisen, so lange ausschließlich Ohmsche Widerstände betrachtet werden:

$I = (U_0 \; \sin\omega \cdot t) / R = I_0 \; \sin(\omega \cdot t)$

Der Ur-Eurosprinter von Siemens, 127 001, heißt herstellerintern ES 64 P (Personen) und verlässt mit einem Interregio den Münchner Hauptbahnhof. Foto: Kiebler

4.6.3 Induktivitäten und Kapazitäten

Unübersichtlicher werden die Wechselstromkreise, wenn im Stromkreis eine Induktivität einer Spule beziehungsweise eine Kapazität eines Kondensators auftritt. Schaltet man in einen Gleichstromkreis eine Spule, so verhält sie sich wie ein rein Ohmscher Widerstand. Ihre Induktivität spielt keine Rolle, im Wechselstromkreis ist das anders, eine Spule stellt dort einen frequenzabhängigen Wechselstromwiderstand dar. Der Widerstand steigt mit der Zunahme der Frequenz und der Induktivität.

Genau gegenteilig verhält sich der Kondensator: Im Gleichstromkreis ist er quasi ein unendlich hoher Widerstand, im Wechselstromkreis sinkt der Widerstand mit Zunahme der Frequenz und der Kapazität.

Eine weitere Eigenschaft einer Spule ist, dass sie die Phase verschiebt, sie lässt den Strom der Spannung hinterhereilen. Ist der induktive Widerstand sehr viel höher als der Ohmsche, werden Strom und Spannung um ½ π oder 90° verschoben und im Stromkreis fließt reiner Blindstrom. Die Phasenverschiebung wird umso größer, je bedeutender der Anteil des induktiven Widerstandes im Stromkreis ist. Die Eigenschaft einer Spule, nur für Wechselströme einen Widerstand darzustellen, nutzt man technisch in Drosseln, die Gleichstrom passieren lassen, Wechselstrom jedoch sperren.

Die Kombination aller drei Elemente, Ohmscher Widerstand, Spule und Kondensator, in Reihe in einem Stromkreis erfordert eine genaue Betrachtung der Einzelwiderstände, die zu einem Gesamtwiderstand (Impedanz) zusammengeführt werden können:

$Z = \sqrt{(R^2 + (\omega L - 1/\omega C)^2}$, wobei $R = Z \cos\varphi$ der so genannte Wirkwiderstand ist und $\omega L - 1/\omega C$ der Blindwiderstand.

Der Strom ist $I_0 = U_0 / Z$.

Interessant und technisch von hoher Bedeutung ist die Parallelschaltung eines Kondensators und einer Spule. Auf diese Weise können bei geeigneten Bauteilen elektronische Filter für bestimmte Frequenzen und Ströme gebaut werden.

4.6.4 Magnetische Drehfelder, mehrphasige Ströme

Den zuvor beschriebenen Generator erweitern wir um eine zweite Ankerspule. Diese steht senkrecht zur ersten und wenn der Anker nun rotiert, liefert jede der Spulen eine Wechselspannung, die zueinander um 90 Grad phasenverschoben sind. Diese beiden Spannungen leiten wir nun in ein neues Spulenpärchen, das ebenfalls senkrecht zueinander steht. In diesen Spulen fließen nun zwei ebenfalls um 90° Grad phasenverschobene Wechselströme, die wiederum zwei rechtwinklig zueinander stehende phasenverschobene Magnetfelder aufbauen. Diese beiden Magnetfelder bilden ein gemeinsames Gesamtmagnetfeld mit einem konstanten Betrag $H_0 = \sqrt{(H_1^2 + H_2^2)}$, das ständig seine Richtung ändert. Das Magnetfeld rotiert, man nennt es ein magnetisches Drehfeld. Stünde im Inneren der beiden Spulen eine Kompassnadel, so würde sie sich synchron mit dem Magnetfeld drehen. Entfernt man die Kompassnadel und ersetzt sie durch einen kleinen auf der Spitze gelagerten drehbaren Metallrahmen oder einen Hohlzylinder, so würden auch diese beiden Teile rotieren. Die durch das rotierende Magnetfeld im Rahmen beziehungsweise im Zylinder induzierten Ströme versuchen die Bewegung des hervorrufenden Magnetfeldes zu hemmen (→Lenzsche Regel).

Zur Weiterleitung eines solchen Stromes werden eigentlich vier Leitungen benötigt, zwei kann man jedoch vereinigen, in dieser Leitung fließt dann ein verketteter Wechselstrom. Dessen Scheitelwert ist um das $\sqrt{2}$-fache größer als die Einzelwerte.

Zweiphasige Drehfelder haben technisch keine große Bedeutung, aber das, was volkstümlich immer unter Drehstrom, Kraftstrom oder Starkstrom bezeichnet wird, ein dreiphasiger Wechselstrom mit einer Phasenverschiebung von 120 Grad, ist vor allem auch im E-Lok-Bau von enormer Wichtigkeit.

Im Drehstromgenerator drehen sich jetzt statt zwei drei um 120 Grad ($2\pi/3$) versetzte Spulen. Anstelle eines sechsadrigen Leitungssystems, das man bei einem unverketteten

System benötigen würde, kann man auf mindestens zwei Leitungen verzichten. Drei der Spulenleitungen kann man in der so genannten Sternschaltung an einem Punkt zur als Null-Leitung oder Neutralleiter bezeichneten Leitung vereinen. Wären in den drei Phasenleitungen gleich große Widerstände, könnte man gar auf die Neutralleitung verzichten. Sind die Widerstände unterschiedlich, fließt in der Null-Leitung nur der Strom, um den sich die Ströme in den anderen Leitern, den Außenleitern, unterscheiden.

Betrachtet man die Spannungen eines Drehstromsystems erkennt man, dass die Spannungseffektivwerte zwischen den Außenleitern jeweils um den Faktor $\sqrt{3}$ größer sind als die der Spannungen zwischen je einem Außenleiter und dem Neutralleiter. Das ist bei unserem Haushaltsdrehstrom ebenso: Die Spannung des Drehstromsystems liegt bei 380 Volt, zwischen einem Außenleiter und dem Neutralleiter liegen die bekannten 220 Volt, die auch an der Steckdose anliegen. Die Außenleiter lassen sich so jeweils einzeln zur Versorgung elektrischer Geräte nutzen.

4.6.5 Drehstrommotoren

Ein dreiphasiger Wechselstrom kann ebenfalls zum Aufbau eines magnetischen Drehfeldes genutzt werden. Analog dem zweiphasigen Drehfeld werden nun drei um 120 Grad versetzte Spulen als Stator aufgebaut und jede an eine der drei Phasen des Drehstroms angeschlossen.

In diesem Stator kann nun ein ganz spezieller Rotor arbeiten: Der Kurzschlussanker, ein Eisenring mit einer geschlossenen Wicklung, in dem starke Induktionsströme aufgebaut werden, die der Drehung des Feldes entgegen zu wirken versuchen und so den Ring in Rotation versetzen. Der Vorteil ist, dass der Kurzschlussanker keine Stromversorgung benötigt und somit berührungslos läuft. Motoren mit Kurzschlussanker sind so genannte Asynchronmotoren. Es gibt aber auch Asynchronmotoren mit Schleifringläufer und schließlich gibt es noch Synchronmaschinen.

Die 12X (128 001) von AEG/ADtranz war ein weiterer Meilenstein auf dem Weg zu den heutigen Hochleistungsloks mit DAT. Die Stromrichter wurden erstmalig mit Wasser gekühlt. Die Fronten bestehen aus GfK und mit einer kurzfristigen Leistung von 7.200 kW und einer Konstruktionshöchstgeschwindigkeit von 250 km/h fand die Lok bei ihrer Vorstellung 1994 viel Beachtung. Foto: Emersleben

4.7 Gleichstrom oder Wechselstrom?

Die größten Vorteile des Gleichstroms, zumindest bis zur Entwicklung des heutigen Antriebskonzepts mit statischen Wechselrichtern sowie Drehstrommotoren, war der vergleichsweise einfache Motor und insgesamt unkomplizierte Schaltungen.

Größtes Problem war die Spannungsregelung. Gleichstrom lässt sich nicht transformieren. Wir erinnern uns an das Ohmsche Gesetz, $U = R \cdot I$, bei einer gegebenen Fahrleitungsspannung heißt das: Steigt der Widerstand, sinkt automatisch die Stromstärke. Das erfordert moderate Fahrleitungsspannungen, damit die fließenden Ströme nicht zu stark werden. Außerdem sollte der Fahrdraht einen großen Querschnitt haben, damit der Widerstand und die Verluste gering bleiben. Aber dennoch, wenn man den Widerstand der Fahrleitung aufgrund guter Leitungseigenschaften immer kleiner werden lässt, erkennt man schnell, dass dann die Ströme sehr stark ansteigen. Eine Fahrleitung mit guten Leitungseigenschaften und großem Querschnitt hat jedoch entscheidende Nachteile: Technisch gesehen sind dies das hohe Gewicht des Fahrdrahts und die aufwendige Aufhängung mit kurzem Mastabstand. Der wirtschaftliche Nachteil sind die hohen Kosten. Kupfer, das in den Fahrleitungen zur Anwendung kommt, ist teuer, hat ein hohes spezifisches Gewicht und erfordert ebenfalls einen kurzen Abstand zwischen den Masten. Die relativ geringe Fahrleitungsspannung, in der Regel zwischen 1.500 und 3.000 Volt bei Vollbahnen, erfordert zahlreiche Einspeisepunkte. Eine höhere Spannung ist jedoch praktisch nicht möglich, da die Fahrmotoren maximal 1.500 Volt Klemmenspannung vertragen und in Reihenschaltung eine Fahrleitungsspannung von 3.000 Volt das Maximum darstellt.

Wünschenswert wäre eine hohe Fahrleitungsspannung, die vor allem geringere Leitungsquerschnitte und einen größeren Abstand zwischen den Einspeisepunkten erlaubt. Die Lösung des Problems bietet der Einsatz von Wechselstrom.

4.8 Der Transformator

Wechselstrom hat die technisch vorteilhafte Eigenschaft, transformierbar zu sein. Das heißt, mittels eines speziellen Bauteils, dem Transformator, auch Wandler oder Umspanner genannt, kann eine Wechselspannung von einer niedrigen auf eine hohe Spannung und umgekehrt gebracht werden.

Zwei bereits ausführlich diskutierte Eigenschaften des Elektromagnetismus kommen beim Transformator erneut zum Tragen, das von stromdurchflossenen Spulen aufgebaute Magnetfeld und die Induktion.

Ein Transformator besteht immer aus mindestens zwei Spulen, die in der Regel auf einem gemeinsamen, geschlossenen Eisenkern sitzen, der das von den Spulen erzeugte Magnetfeld verstärkt.

Der Eisenkern muss an allen Orten einen Querschnitt haben, der gewährleistet, dass die magnetische Flussdichte möglichst im gesamten Kern konstant ist. Einphasentransformatoren aus drei Schenkeln mit Primär- und Sekundärspule auf dem Mittelschenkel haben für den magnetischen Rückfluss Außenschenkel mit halbem Querschnitt des Mittelschenkels.

Leistungstransformatoren für Spannungsfrequenzen bis etwa 1.000 Hertz verfügen über Eisenkerne, die aus dünnen elektrisch gegeneinander isolierten Blechen bestehen. Das ist nötig, weil das Magnetfeld nicht nur in der Sekundärspule, sondern auch im Kern-Eisen (leitendes Material) Spannungen induziert. Diese Spannungen erzeugen verlustreiche Wirbelströme, die Wärme entwickeln und die umso höher ist, je besser die elektrische Leitfähigkeit des Kernes ist. Der Stromverlauf im Eisenkern wird durch den Einsatz der dünnen isolierten Bleche erheblich erschwert. Eine Beschädigung dieser Isolierung kann bei großen Transformatoren zu starken lokalen Erwärmungen führen.

Außerdem treten im Eisenkern Ummagnetisierungsverluste auf, die durch die ständige Umpolung der Weißschen Bezirke entstehen. Ein Verlust, der auch im Leerlauf auftritt.

Die beiden Spulen bezeichnet man als Primär- und Sekundärspule. Bedeutendste Eigenschaft des Transformators ist: Die Spannungen an den beiden Spulen verhalten sich wie das Verhältnis ihrer Windungszahlen, das heißt, hat die Primärspule (p) 100 Windungen und die Sekundärspule (s) 1.000, so verhalten sich die Spannungen im Verhältnis 1:10.

Es gilt: $U_p/U_s = N_p/N_s$. Man nennt diese Gleichung auch das Übersetzungsverhältnis.

Der Trafo einer »Bobo-II«, wie die Baureihe Ge 4/4 II der RhB auch genannt wird, ist bereit zum Wieder-Einbau in die daneben stehende Lok in den zentralen RhB-Werkstätten in Landquart.

Der Transformator ist eine ungarische Idee. 1885 erhielten Károly Zipernowsky, Miksa Déri und Ottó Titusz Bláthy ein Patent auf den Transformator. Ihr Modell hatte allerdings noch einen anderen Aufbau.
Ende des 19. Jahrhunderts gab es noch einen erbitterten Streit der Systeme. In den USA favorisierte der große Erfinder Thomas Alva Edison (1847 bis 1931) die Gleichstromversorgung. George Westinghouse (1846 bis 1914) erkannte die Vorteile des Wechselstromsystems. 1885 importierte er mehrere Gaulard-Gibbs-Transformatoren und einen Siemens-Wechselspannungsgenerator für die elektrische Beleuchtung Pittsburghs. Sein Chefingenieur William Stanley entwickelte im selben Jahr wesentliche Verbesserungen am Gaulard-Gibbs-Transformator. 1886 stellte Westinghouse in Great Barrington, Massachusetts, einen Wechselspannungsgenerator auf, der 500 Volt Wechselspannung lieferte. Zur Verteilung wurde die Spannung auf 3.000 Volt hochtransformiert und zum Betrieb der elektrischen Beleuchtung an den Anschlussstellen wieder auf 100 Volt heruntertransformiert.
Diese erfolgreichen Versuche und die zunehmende Verwendung von Transformatoren leiteten den Siegeszug der elektrischen Energieversorgung mit Wechselstrom ein.

Durch das Windungszahlverhältnis lässt sich beinahe jede Spannung erzeugen.
Im unbelasteten Transformator, bei dem kein Verbraucher an der Sekundärspule angeschlossen ist, fließt in der Primärspule ein wattloser Strom, der so genannte Leerlaufstrom, ein idealer Transformator ohne Wirbelstrom- und Hystereseverluste, der bei offener Sekundärspule keine Energie verbraucht.
Schließt man nun den Stromkreis an der Sekundärspule mit einem reinen Ohmschen Widerstand, so fließt nun ein Wirkstrom, der einen Energieverbrauch darstellt.
Es gilt: Die vom Primärkreis aufgenommene elektrische Leistung ist gleich der vom Sekundärkreis verbrauchten Leistung.

Zur Illustration der Bedeutung der Transformierbarkeit des Wechselstroms ein kleines vereinfachtes Rechenbeispiel: Die Aufgabe laute, über eine Leitung mit einem Widerstand von 10 Ohm eine Leistung von 2 kW zu übertragen und die Spannung an der Energiequelle betrage 200 Volt. Daraus folgt, es muss ein Strom von 10 Ampère fließen. Der Spannungsabfall an der Leitung beträgt 10 Ohm · 10 Ampère = 100 Volt. Es käme am anderen Ende der Leitung lediglich eine Spannung von 100 Volt an. Die Hälfte der Leistung würde im Widerstand der Leitung in Wärme umgewandelt und somit verloren gehen. Dank eines Transformators wird die Übertragungsspannung nun auf 20.000 Volt gesetzt. Um eine Leistung von 2 kW zu übertragen, muss nur noch ein Strom von 0,1 Ampère fließen und der Spannungsabfall in der Leitung beträgt nur mehr 1 Volt. Es kommen 19.999 Volt am anderen Ende an. Diese transformiert man nun mit einem zweiten Transformator mit demselben Übersetzungsverhältnis herunter und misst eine Sekundärspannung von 199,99 Volt. Bei einer Belastung von 10 Ampère wird die geforderte Leistung von 2 kW entnommen. Deutlich ist der große Vorteil der zwischenzeitlichen Transformation zu erkennen.

5 Die Elektrolokomotive

Im ehemaligen Krauss-Maffei-, heutigen Siemens-Werk in München-Allach werden moderne Drehstrom-Loks gebaut: Neben dem Taurus-Rohkasten (li.) steht eine Lok der Reihe ES 64 F4 (BR 189 DB AG), ganz rechts entsteht eine Lok für die griechische Staatsbahn OSE auf Basis des Eurosprinters.

UpRight
UpRight X20N
UpRight

Die genauere Betrachtung des Systems E-Lok verlangt eine Differenzierung in den mechanischen Teil und den elektrischen Teil. Eine Unterscheidung, die früher auch beim Produktionsprozess Tradition hatte. Zumindest in Deutschland kam eine E-Lok bis in die 1990er-Jahre meist aus zwei Händen, vom Hersteller der elektrischen Ausrüstung und vom Hersteller des mechanischen Teils, der auch in der Regel für die Endmontage zuständig war.

5.1 Rahmen und Kastenaufbau

Der Aufbau nimmt sämtliche Kräfte (Gewichts-, Flieh-, Zugkräfte) auf und ist heute bei den meisten E-Loks ähnlich: Auf zwei, selten auch drei Drehgestellen, die meist je zwei- oder dreiachsig sind, ruht der Lokomotivkasten. Genauer: Auf einem Ober- oder Brückenrahmen befinden sich die Lokomotivaufbauten, die elektrische Ausrüstung und in der Regel an den Enden je ein Führerstand. Rangierloks werden häufig mit einem Zentralführerstand gebaut, der den Vorteil hat, dass der Lokführer (heute Eisenbahnfahrzeugführer) bei den beim Rangieren häufig vorkommenden Fahrtrichtungswechseln diesen nicht verlassen muss.

Bei der Konstruktion des Lokomotivkastens sind zwei Aspekte wesentlich, das Gewicht und die Größe. Zu Beginn des E-Lok-Baus war vor allem das Gewicht eine große Herausforderung. Sämtliche elektrische Bauteile waren groß und vor allem schwer. Die Leistungsfähigkeit der frühen Bahn-Elektromotoren konnte fast nur durch Vergrößerung gesteigert werden. Die kräftigsten Lokomotiven wurden dadurch sehr groß und die enorme Masse musste auf zahlreiche Achsen abgestützt werden. Darunter waren meist mehrere nicht angetriebene Laufachsen beziehungsweise -drehgestelle, die nicht an der Traktion beteiligt waren, sondern lediglich Gewicht trugen und für bessere Fahreigenschaften sorgten.

In Mitteleuropa sind Achslasten knapp über 20 Tonnen je Achse auf Hauptstrecken üblich, in Nordamerika 30 Tonnen nicht ungewöhnlich. Das Gewicht vierachsiger Hauptbahn-Lokomotiven in

Das hohe Gewicht der frühen Konstruktionen musste auf zahlreiche Achsen verteilt werden und führte zu langen Loks, deren Rahmen mitunter geteilt wurden, um in Kurven nicht aus dem so genannten Lichtraumprofil zu ragen, wie die dreiteilige 191 099 beweist.

Foto: Luers, Slg. Alkofer

Mitteleuropa bewegt sich meist in der Nähe der maximalen Achslast von etwas über 80 Tonnen, da man um maximale Zugkraft zu erzielen, ein möglichst hohes Reibungsgewicht auf die Schienen zu bringen versucht.
Etwa die Hälfte des Gewichts verteilt sich dabei auf die elektrische Ausrüstung, die andere Hälfte des Gewichts entfällt auf den so genannten mechanischen Teil.
Neben der maximal zulässigen Achslast ist auch das Lichtraumprofil eine maßgebliche, von den jeweiligen Bahnaufsichtsbehörden vorgegebene Norm, die von den Ingenieuren strikt einzuhalten ist. Das Lichtraumprofil bestimmt die maximalen äußeren Abmessungen (Breite und Höhe) eines Fahrzeugs, damit es stets berührungsfrei durch Tunnels kommt, Bahnhöfe durchfahren kann, ohne mit Bahnsteigkanten in Konflikt zu geraten usw.
Der Brückenrahmen ist in der Regel eine stabile, aus Blechen geschweißte Konstruktion. Bis in die Mitte des 20. Jahrhunderts wurden Lokomotivkästen teilweise noch genietet. Es gibt vollständig selbsttragende Konstruktionen, bei denen auf den Brückenrahmen ein Kastengerippe aufgeschweißt ist, das mit Blechen verkleidet wird und an der Statik der Lok beteiligt ist, oder Lokomotiven, bei denen lediglich der Brückenrahmen tragendes Bauteil ist.
Die zwei kastenförmigen Längsträger des Brückenrahmens weisen an den Enden Kopfstücke auf, die auch die Zug- und Stoßvorrichtungen tragen. Mehrere Querstreben tragen zum Beispiel die Drehzapfenbefestigung, falls vorhanden. Bei den Einheitsloks der Bundesbahn trägt eine besonders starke Querstrebe in der Mitte den schweren Transformator. Die Querverstrebungen sorgen vor allem für Verwindungssteifigkeit.
Neben klassischem Stahlbau haben längst auch Leichtmetalle, vor allem Aluminium sowie moderne Kohlefaser- beziehungsweise glasfaserverstärkte Kunststoffe (CfK beziehungsweise GfK), im modernen Lokomotivbau Einzug gehalten.

In den Werkshallen von Krauss-Maffei in München-Allach, werden bis heute noch Lokrahmen geschweißt. Hier entsteht gerade der Rahmen der 189 056.

Die Haube der aktuellen Taurus-Führerstände ist aus GfK-Kunststoff.
Foto: Siemens

Der Hersteller Bombardier bewirbt den aktuellen Führerstand seiner Traxx-Lokfamilie als »crash-optimiert«. Die Lokkästen für die Traxx-Lokomotiven werden im polnischen Bombardier-Werk in Wroclaw (Breslau) hergestellt, die Endmontage findet in Kassel statt, auch für diese Lok für den niedersächsischen »Metronom«-Zug

Im inzwischen stillgelegten DB AG-Werk Opladen gibt 181 210-6 am 13. Juli 2001 nach der Abnahme zweier Hauben den Blick in ihr Innenleben frei. Foto: Emersleben

Der Rahmen sollte einen leichteren Aufprall ohne Schäden überstehen. Vergleichsweise neu im Lokomotivbau ist eine gezielte, verbesserte Sicherheit der Führerstände im Falle eines Unfalls. Moderne Führerstände werden für den Fall eines Frontalzusammenstoßes mit Knautschzonen versehen. Sie absorbieren die Aufprallenergie in Form gezielter Deformationen und sorgen so für eine bessere Überlebenschance des Lokführers.

Der Fahrzeugkasten ist in der Regel in zwei Bereiche aufgeteilt: Die Führerstände und den Maschinenraum. Das Aussehen des Maschinenraums hat sich in den vergangenen Jahrzehnten stark verändert. Erkannte man vor drei Jahrzehnten noch den Zweck manches Bauteils, so findet man in modernen E-Loks fast nur noch aufgeräumte Gerüstschränke, in denen sich hauptsächlich Elektronik verbirgt.

Bei der Konstruktion ist auf eine gleichmäßige Gewichtsverteilung zu achten. Das schwerste elektrische Bauteil, der Transformator, ist deshalb meist in der Fahrzeugmitte aufgestellt oder hängt bei modernen Typen unter dem Rahmen zwischen den Drehgestellen.

Wartungsfreundlichkeit ist heute in Zeiten privatisierter Bahnunternehmen und extremen Kostendrucks ein noch signifikanteres Entscheidungskriterium für die Beschaffung einer Lokomotive. Wichtige Bauteile müssen gut zugänglich und im Bedarfsfall schnell austauschbar sein, um Stillstandszeiten und intensiven Personaleinsatz zu vermeiden. Häufig wird bei modernen Lokomotiven der Austausch wichtiger Baugruppen über ein segmentweise abzunehmendes Dach gewährleistet.

Bei E-Loks für den Einsatz mit Höchstgeschwindigkeiten von mehr als 130 km/h spielt die aerodynamische Form des Lokkastens und die Berücksichtigung des Luftwiderstandes eine bedeutende Rolle.

5.2 Das Fahrwerk

Zum Fahrwerk zählen alle Teile, mit denen das Fahrzeug auf den Schienen fährt und geführt wird. Auf ihm ruht der Kasten und es überträgt Antriebs- und Bremskräfte.

5.2.1 Radsätze

Ein Radsatz besteht aus zwei über eine Achse verbundenen Rädern. Die Räder können Vollscheibenräder sein, früher wurden auch leichtere Speichenräder genutzt. Vollscheibenrad ist nicht gleich Vollscheibenrad, es gibt so genannte Monobloc-Räder, die tatsächlich aus einem Stück sind, es werden jedoch auch zusammengesetzte Räder eingesetzt, die im Wesentlichen aus einer Radscheibe und einem warm aufgezogenen äußeren Radreifen bestehen. Solche Radsätze haben den Vorteil, dass nach der größtzulässigen Abnutzung des Radreifens dieser ausgetauscht werden kann, während beim Monobloc der gesamte Radsatz gewechselt werden muss, wenn das Abnutzungsgrenzmaß überschritten ist.

Im AW Dessau erhält ein Radsatz der 143 261 einen neuen Radreifen. Der gesamte Radsatz wird dabei von oben in den Radreifen gesenkt. Foto: Frickel

Je nach Einsatzgebiet einer E-Lok müssen Radreifen nach etwa 60.000 (Güterzugdienst) bis 120.000 Kilometern (Schnellzugdienst) nachgedreht und nach 350.000 bis 500.000 Kilometern getauscht werden.
Das Radreifenprofil hat eine konische Form und wird vom Spurkranz abgeschlossen.
Bei Starrrahmenloks oder langen dreiachsigen Drehgestellen sind die Spurkränze der inneren beziehungsweise der mittleren Achse häufig geschwächt und manche Achsen verfügen noch über ein zusätzliches Seitenspiel, um eine bessere Kurvengängigkeit zu erzielen.

5.2.2 Die Lagerung der Achsen

Lokomotivachsen werden in Achslagern geführt. Früher waren die Lagerschalen mit Bronze, Rotguss oder einer anderen Lager-Metalllegierung ausgegossen (Gleitlager). Zwischen der Achse und den Lagerschalen war stets ein Öl-Schmierfilm, der konstant aus einem Reservoir nachgefüllt wurde. Gleitlager sind wartungsintensiv, empfindlich und werden im Lokomotivbau nicht mehr eingesetzt. Achslager sind heutzutage nahezu ausnahmslos als so genannte Rollen- oder Wälzlager ausgeführt, bei denen zwei zueinander bewegliche Teile, wie hier Achse und Lagerschale, durch rollende Wälz-Körper (Kugeln, Walzen) getrennt sind. Dazwischen tritt hauptsächlich Rollreibung auf. Da die Wälzkörper immer auf gehärteten Stahlflächen mit optimierter Schmierung abrollen, ist die Rollreibung solcher Lager gering.
Wälzlager sind jedoch empfindlich gegen Stromdurchgang, er würde die Lagerlaufflächen angreifen, deshalb muss der zum Unterwerk fließende Rückstrom an den Achslagern vorbei geführt werden.

5.2.3 Radsatzführung

Für einen ruhigen und gleisschonenden Lauf der Lokomotive ist die Art der Radsatzführung verantwortlich. Es gibt eine Vielzahl von Methoden, die mehr oder weniger aufwendig sind.
Während bei älteren Lokomotiven bis in die 1960er-Jahre die Radsätze in einer Säulenführung mehr oder weniger nur vertikal geführt und gefedert wurden, hat vor allem der Einzug neuer (Gummi-)Federelemente die Variationen bei den Radsatzführungen erheblich erweitert.
Verschiedenste Formen von Radsatzlenkern übernehmen heutzutage diese Aufgabe, denn je besser der Radsatz auf wirkende Kräfte reagieren und ausweichen kann, desto günstiger ist dies für die Laufruhe und einen geringeren Verschleiß der

Radreifen. Die Radsatzlenker können bewegliche Arme sein, die in der Mitte des Drehgestells elastisch mit dem Drehgestellrahmen verbunden sind.
Die Gesamtführung eines Radsatzes ist heute meist die Kombination aus Lenkern und der Primärfederung. Diese muss es dem Radsatz erlauben, seine Lage im Gleis richtig einzustellen und über die nötigen Rückstellkräfte verfügen, um nach Auslenkung wieder in die Ruhelage zu finden. Die Radsatzführung ist so Teil des Dämpfungssystems.
In modernen Lokomotiven besitzen die Radsätze auch radiale Einstellmöglichkeiten. Es gibt selbststeuernde Radsätze, sie stellen sich beim Befahren von Kurven selbsttätig ein und Federn stellen sie wieder zurück. Es gibt aber auch gekoppelte Systeme bei denen der vorauslaufende Radsatz mittels Hebel den hinteren anlenkt.

Das Drehgestell der Baureihe 111 zeigt, dass sie nicht nur ein einfacher Nachbau der 110 war. Man erkennt moderne Elemente wie Flexicoil-Federung und Lemniskatenlenker.

5.2.4 Die Federung

Die Federung des Radsatzes im Drehgestell nennt man Primärfederung. Bei Drehgestelllokomotiven gibt es zusätzlich eine Sekundärfederung zwischen Drehgestell und Lokkasten.
Der nicht abgefederte Teil einer Lokomotive soll möglichst leicht sein und sich weitestgehend auf die auf den Schienen rollenden Radsätze beschränken.
Die bekannteste und früher auch gebräuchlichste Form der Primärfederung sind Blattfedern, Federstahlbänder unterschiedlicher Länge, die übereinander gelegt werden. Der Einsatz von Blattfedern geht jedoch seit mehreren Jahrzehnten zurück.
Jedes Federsystem hat eine eigene Charakteristik: Blattfederpakete haben den Vorteil einer guten Eigendämpfung, sie absorbieren die Stoßenergie durch Reibung. Allerdings reagieren sie träge, sind ungeeignet für kurze, schnelle Einwirkungen. Auch massive Schrauben- beziehungsweise Spiralfedern kommen im Lokomotivbau zum Einsatz.
Die Federung muss sowohl senkrecht auftretende Kräfte als auch Querkräfte absorbieren, deshalb werden unterschiedliche Federsysteme in verschiedenen Wirkungsrichtungen eingebaut. Es gibt aber auch Dämpfer, die mehrere Wirkungsrichtungen absorbieren können, etwa die Flexicoil-Elemente, besondere Schraubenfedern, die nicht nur senkrechte Stöße absorbieren, sondern durch Verdrillung auch Querkräfte dämpfen.

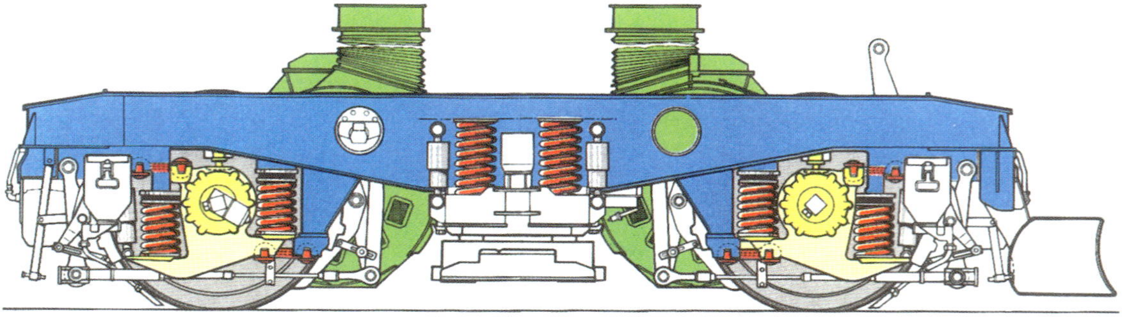

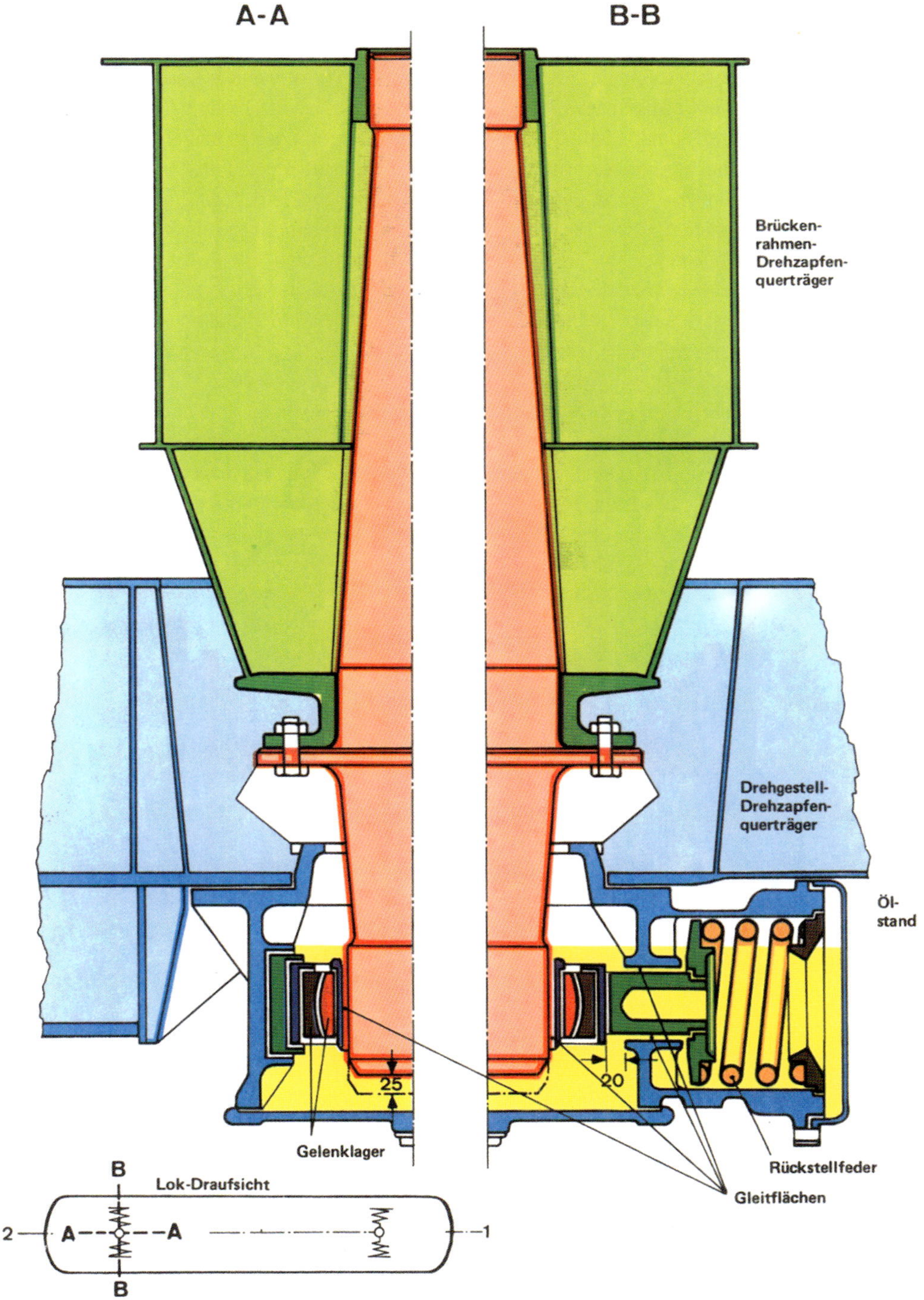

Die Skizze zeigt die zentrale Lage des tief in das Drehgestell eintauchenden Drehzapfens bei den Lokomotiven der Baureihen 110, 139 und 140.

Moderne Federelemente, so genannte Megifedern, bestehen aus kombinierten Metall-Gummi-Elementen.
Ebenso zum Einsatz kommen hydraulische (Stoß-)Dämpfer. Da jedes dieser Federbauteile eine andere Charakteristik aufweist, werden Lokomotiven meist mit Kombinationen verschiedener Federsysteme ausgestattet.

5.2.5 Das Drehgestell

Drehgestelllokomotiven haben eine deutlich bessere, gleisschonende Kurvengängigkeit als vergleichbare Starrrahmenlokomotiven. Ein Zwängen durch enge Radien kommt bei Drehgestellloks seltener vor. Drehgestelle mit zwei Achsen sind diesbezüglich noch vorteilhafter als solche mit dreien. Da viele Bahnen vierachsige Loks bevorzugen, versucht die Industrie sechsachsige Konstruktionen zu vermeiden.
Bei der Zugkraft spielt jedoch auch das Reibungsgewicht eine Rolle und manche moderne Lok kann vor Kraft kaum rollen. Nur mit einem Griff in die technologische Trickkiste gelingt es, die 6.400 Kilowatt eines Siemens-Taurus auf die Schienen zu bringen. Eine elektronische Schleuderschutz-Regulierung sorgt für beste Kraftübertragung und dennoch zieht eine schwächere, aber eben gewichtigere sechsachsige BR 150 mit einem erfahrenen Lokführer schwerere Güterzüge als ein moderner vierachsiger Taurus.

5.2.5.1 Der Drehgestellrahmen

Der Drehgestellrahmen dient der Aufnahme der Radsätze, der Fahrmotoren und der Achsfederung. Auf den Drehgestellrahmen wiederum stützt sich der gesamte Lokkasten ab.
In Mitteleuropa wurden gegossene Drehgestellrahmen selten eingesetzt, in den USA und bei sowjetischen Konstruktionen waren Gussrahmen verbreitet. Inzwischen gibt es überwiegend Schweißkonstruktionen, die eine größtmögliche Stabilität bei geringstmöglichem Gewicht ermöglichen. Gerade die Drehgestellrahmen sind höchst beanspruchte Teile und empfindlich gegen Rissbildung. Nicht umsonst werden sie beim aktuellen ICE1-Laufzeitverlängerungsprogramm der DB AG nach 15 Jahren Einsatzzeit getauscht, um den Hochgeschwindigkeitsgarnituren nochmals eine Laufzeit von voraussichtlich 15 Jahren zu ermöglichen.
Damit Drehgestell-E-Loks keinen Schlingerlauf ausführen, ist die Zug- und Stoßvorrichtung am Lokkasten angebracht. So können sich die

Die beiden Mechaniker verschrauben gerade die Zug- und Druckstange eines Drehgestells einer IORE-Doppellok. Adtranz/Bombardier baute für die Erzbahn Narvik – Kiruna zwischen 2000 und 2004 insgesamt neun Paare der 10.800-kW-starken Type.

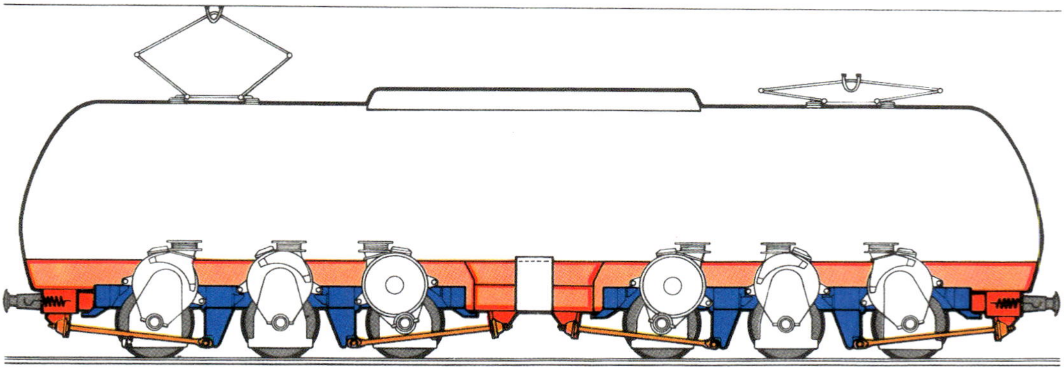

Gerade bei sechsachsigen Lokomotiven ist kein Platz für einen mittigen Drehzapfen, sofern die Achsen in symmetrischen Abständen gelagert sein sollen. Die Drehgestellanlenkung sowie die Übertragung der Zug- und Druckkräfte übernehmen dort wie etwa bei der DB-Baureihe 103 Tiefzugstangen.

Trotz der Mittelpufferkupplung tragen die legendären Dm3 der Erzbahn Narvik – Kiruna seitliche Puffer.

Drehgestelle in Kurven besser ausrichten. Bei der ersten erfolgreichen Drehgestell-Baureihe der DRG, der E 44 und einigen anderen Loks war das noch anders; Zug- und Stoßvorrichtung waren am Drehgestellrahmen befestigt.
Der geschweißte Drehgestellrahmen hat in der Regel die Form eines Kastens mit zwei Längs- und zwei Endquerträgern. Ein zusätzlicher, mittlerer Querträger dient häufig der Aufnahme des Dreh- oder Führungszapfens und vor allem der Befestigung der Fahrmotoren.

5.2.5.2 Drehzapfen und Zugkraftlenker

Viele Drehgestelllokomotiven verfügen über einen Drehzapfen. Er markiert den Drehpunkt eines Drehgestells und überträgt die Zug- und Stoßkräfte und je nach Konstruktion trägt er auch einen Teil des Lokkastengewichtes. Bei Loks für höhere Geschwindigkeiten werden Abstützung und Anlenkung jedoch häufig getrennt.
Der Drehzapfen ist möglichst lang ausgebildet und taucht tief in das Drehgestell beziehungsweise die Drehzapfenführung ein. Bei den DB-Einheitslokomotiven sitzt das Drehzapfenlager nur etwa 50 Zentimeter über der Schienenoberkante (SOK). Die tiefe Lagerung dient vor allem der Verminderung der Achsentlastung beim Anfahren.
Voraussetzung für einen zentralen Drehzapfen ist Platz. Ist im Zentrum des Drehgestells kein Raum für einen einfachen Drehzapfen, übernehmen Zugkraftlenker, massive Hebel, die Übertragung der Zug- und Stoßkräfte. Moderne Drehgestelle besitzen Zugstangen zwischen Fahrzeug- und Drehgestellrahmen zur Übertragung aller horizontalen Kräfte.
Besonders die so genannte Tiefanlenkung, bei der Tiefzugstangen knapp über der Schienenoberkante wirken, ist effektiv. Sie bewirkt eine geringe Achsentlastung.

5.2.6 Die Kastenabstützung

Der Lokkasten stützt sich bei älteren Drehgestelllokomotiven meist auf Gleitstücke und den Drehzapfen ab. Wichtig ist, dass die Kastenabstützung für eine gleichmäßige Lastverteilung sorgt. Falls die Drehzapfen den größten Teil des Kastengewichts tragen, dienen die seitlichen Gleitstücke vor allem der Kippsicherung. Häufig werden die Drehzapfen aber nicht vertikal belastet, das heißt, sie übertragen die horizontalen Zug- und Stoßkräfte, tragen jedoch nicht das Lokgewicht. Dann liegt das Gewicht auf den Gleitstücken, geschliffene Stahlplatten auf Bronze, die in ein Ölbad eintauchen. Diese Form der Abstützung ist träge und geeignet, Schlingern und ungewollte Querbewegungen zu verhindern. Als Öl wird gewöhnliches Achsöl verwendet. Die Gleitstücke sind über die Lokkastenfederung mit den Drehgestellen verbunden.
Moderne Drehgestellkonstruktionen haben häufig eine gleitstücklose Kastenabstützung. Eine Kombination aus Schraubenfeder und speziellen Gummifederelementen ist für die relative Führung des Drehgestells und die Kastenabstützung verantwortlich.

5.2.7 Die Zug- und Stoßvorrichtung

In Mitteleuropa besteht die Standard-Zug- und Stoßvorrichtung aus einem Zughaken und seitlichen Federpuffern. Das ist keine Selbstverständlichkeit, denn weltweit ist die automatische Mittelpufferkupplung (AK) weit verbreitet.
Während die AK Zug- und Stoßkräfte überträgt und in der Regel für sehr hohe Zuglasten von mehreren Tausend Tonnen geeignet ist, ist bei der Vorrichtung mit zentralem Zughaken und zwei seitlichen Puffern eine Beschränkung der Zuglast auf knapp über 2.000 Tonnen üblich. Die Bruchlast der AK liegt bei bis zu 2.400 kN, die der mitteleuropäischen Kupplung lediglich bei 850 kN. Die Einführung der AK war auch für Mitteleuropa Ende der 1960er-Jahre bereits beschlossene Sache, scheiterte aber im letzten Moment.
Die seitlichen Puffer sind meist als so genannte Hülsenpuffer ausgeführt, innerhalb der Hülse sorgt eine Spiralfeder für

Während die Puffer der älteren Bügelfalten-110 324 (li.) noch direkt am Rahmen verschraubt sind, erkennt man deutlich den abgesetzten Verschleißpufferträger an der 111 072.

die Dämpfung im Falle einer Berührung mit einem anderen Puffer oder einem Prellbock. Stöße, die nicht mehr von den Pufferfedern gedämpft werden können, wirken auf den Rahmen der Lok und verursachen dort unter Umständen Schäden. Die Pufferhülsen sind mit dem Pufferträger verschweißt, der wiederum am Lokkasten befestigt ist. Bei vielen Lokomotiven sind so genannte Verschleißpufferträger angebaut. Sie schaffen eine zusätzliche Knautschzone und absorbieren Aufprallenergie. Der mit dem Lokrahmen verschraubte Verschleißpufferträger kann im Schadensfall ausgetauscht werden.

Die Kupplung mit Zughaken hat fahrdynamische Vorteile, denn die Mittelpufferkupplung neigt eher zum Aufsteigen und zu Entgleisungen. Diese hat andererseits aber neben der deutlich höheren Zuglast den Vorteil, dass Luft- und Steuerleitungen gemeinsam mit ihr gekuppelt werden können. Das erleichtert Rangiervorgänge erheblich und spart Personal.

5.3 Das Triebwerk

Unter dem Triebwerk einer E-Lok versteht man die mechanische Verbindung vom Fahrmotor zum angetriebenen Radsatz, also die Übertragung des Drehmoments der rotierenden Elektromotoren auf die angetriebenen Achsen.

Seit den frühen Elektroloks aus dem ersten Drittel des 20. Jahrhunderts bis zu den heutigen modernen Drehstrom-Lokomotiven hat sich der E-Lok-Bau fundamental gewandelt. Das gilt vor allem auch für die Triebwerke der Loks. Die Grundforderungen sind jedoch gleich geblieben: Das Triebwerk soll einen ruhigen Lauf ermöglichen, gleichermaßen fahrzeug- wie gleisschonend, unkompliziert im Unterhalt und günstig im Preis sein.

Damit das Triebwerk beziehungsweise die E-Lok sowohl den Oberbau als auch die eigene Ausrüstung nicht zu sehr strapaziert, ist es wichtig, dass das ungefederte Lokgewicht möglichst gering ist. Der schwere Fahrmotor sollte möglichst im abgefederten Teil der Lok, entweder im Haupt- oder im Drehgestellrahmen der Lok untergebracht sein. Das bedeutet aber, dass das Triebwerk die gefederten Auf- und Abbewegungen dieser Bauteile mitmachen muss. Ebenso ist eine gewisse Elastizität innerhalb des Motors bei Kommutator-Lokomotiven nötig: Beim Anfahren, wenn das größte Drehmoment erforderlich ist, fließen sehr hohe Ströme durch den Kommutator. In der kurzen Zeit bevor der Losbrechwiderstand der Lokomotivradsätze überwunden ist, können bei nicht-elastischer Aufhängung Einbrennungen am Kommutator entstehen. Deshalb ist es wichtig, dass er sich unter den Kohlebürsten bereits drehen kann, bevor die Radsätze ins Rollen kommen. Etwa vier bis sechs Zentimeter soll dieser Weg betragen.

5.3.1 Der Stangenantrieb

Die frühen leistungsstarken Kommutator-Motoren waren groß und schwer. Ein oder zwei bis zu 40-polige Großmotoren, die viel Platz im Maschinenraum einnahmen, lieferten die Antriebsleistung. Der Einzelachsantrieb, wie er seit etwa 80 Jahren üblich ist, war in den Anfangsjahren die Ausnahme.

Die damaligen E-Lok-Ingenieure hatten tagtäglich den bewährten Dampflokantrieb vor Augen und adaptierten ihn. Der Hauptunterschied ist jedoch, dass der Kolben der Dampfloks hin- und hergehende Bewegung ausführt, während der Elektromotor rotiert. Der Einsatz von Antriebsstangen erfordert mindestens eine zweifache Bewegungstransformation: Zunächst von der Rotation des E-Motors in eine Translationsbewegung (geradlinige Vor- und Zurückbewegung) der Antriebsstangen und wieder in eine Rotation des Antriebsradsatzes.

Ein oder zwei langsamlaufende Elektromotoren treiben beim Stangenantrieb eine Vorgelegewelle an, die im Maschinenraum etwa auf Höhe der Motorwelle gelagert wird. Auf der Vorgelegewelle ist exzentrisch die Treibstange befestigt, die ebenso exzentrisch auf eine Blindwelle wirkt, die so heißt, weil sie nicht direkt mit einem Radsatz verbunden ist, und die in einer Ebene mit den angetriebenen Radsätzen liegt. Am Blindwellenkurbelzapfen sind die Kuppelstangen befestigt, die die Radsätze mitnehmen.

Ein großer Nachteil aller Stangenantriebe sind die beträchtlichen, zusätzlichen rotierenden Massen, die vor allem Lager beanspruchen und zusätzliches Lokgewicht auf die Waage bringen. Im Juli 1921 treffen sich Ce 6/8 14210 sowie zwei Be 4/6 in Erstfeld am Gotthard.

Foto: BBC

Die kleine Schwester der großen Krokodile, die De 6/6, ist ein Paradebeispiel für den Winterthurer Schrägstangenantrieb. Eines der bekannten Seetal-Krokodile befindet sich gerade zwischen Seon und Hallwil. Foto: BBC

Der schwankende Drehmomentverlauf ist ein weiterer Nachteil. Es gibt unter den Kurbelwellenstellungen zudem einen Totpunkt, bei dem das Drehmoment Null wird. Um das und somit einen Zugkraftabbruch zu vermeiden, sind die Treibstangen an beiden Fahrzeugseiten um 90 Grad versetzt montiert. So wird in jeder Treibstangenstellung ein Gesamt-Drehmoment entwickelt. Aber diese Versetzung führt auch zu einer permanenten Unruhe in der Fahrzeugbewegung. Loks mit Stangenantrieb sind deshalb bezüglich ihrer Höchstgeschwindigkeit limitiert. Die schnellste deutsche Stangen-E-Lok war die Baureihe E 06 mit einer Höchstgeschwindigkeit von 110 km/h.
Zum Massenausgleich müssen zusätzliche Gegengewichte, die das Lokgewicht erhöhen, in den Radsätzen montiert sein. Ein meist sichtbares, großes Gegengewicht sitzt auf der Blindwelle, die anderen sind in den üblichen Speichenradsätzen untergebracht.
Auch wenn das Prinzip des Stangenantriebs einfach ist, sind seine Nachteile so erheblich, dass er bei Fahrzeugneuentwicklungen nicht mehr zur Anwendung kommt. Der Aufbau des starren Stangenantriebs erschwert überdies die Federung des Fahrzeugs.
Einen großen Vorteil haben mit Stangen angetriebene E-Loks allerdings, der sich vor allem im Güterverkehr mit schweren Zügen bezahlt macht: Die gekuppelten Radsätze neigen weniger zum Schleudern im Vergleich zu einzeln angetriebenen Achsen. Deshalb wurden die Dreifach-Lokomotiven des Typs Dm3 der nordskandinavischen Erzbahn von Kiruna nach Narvik noch in den 1960er-Jahren mit Stangenantrieb gebaut. Auf dieser Strecke zählt nicht die Geschwindigkeit, sondern die Zugkraft und das in einer feuchtkalten Region mit reichlich Schnee und Eis auf den Schienen.
Eine letzte Weiterentwicklung des Stangenantriebs war der so genannte (Winterthurer) Schrägstangenantrieb. Beim Schrägstangenantrieb liegt die Vorgelegewelle sehr tief, beinahe in der Ebene

der Radsatzwellen. Die Treibstange wirkt nun unmittelbar ohne Blindwelle und beinahe parallel zur Schiene auf einen Radsatz. Von dort werden über Kuppelstangen weitere Achsen zum Antrieb herangezogen.

5.3.2 Einzelachsantriebe

Ab Mitte der 1920er-Jahre war absehbar, dass die Lokomotiventwicklung in Richtung Einzelachsantrieb gehen würde. Die mechanischen Probleme beim Stangenantrieb waren zu groß und der technologische Fortschritt erlaubte es, leistungsfähigere, schnelllaufende Motoren zu bauen, die ein wesentlich kleineres Einbaumaß hatten.
Das Hauptproblem des Einzelachsantriebs war anfangs der begrenzte Raum, der für den Einbau der Motoren zur Verfügung stand. Im Idealfall müssten die Fahrmotoren möglichst nahe an den Achsen untergebracht sein. Die maximale Länge der Läuferwelle entspricht dann dem Abstand der Schienen (1.435 Millimeter) und der maximale Durchmesser muss so gewählt werden, dass der Motor nicht in den Schienenzwischenraum ragt.

5.3.3 »Gearless«-Antrieb

Beim einfachsten Antrieb ist die Antriebsachse auch gleich Läuferachse des E-Motors. Ende des 19. Jahrhunderts wurden Versuche damit unternommen. Allerdings hatten diese Fahrzeuge, die Siemens für die Londoner U-Bahn baute, wenig Erfolg. Der Antrieb ist völlig ungefedert. Das beanspruchte sowohl das Triebfahrzeug als auch die Schienen bei Weichen, Schienenstößen und Gleisunregelmäßigkeiten zu sehr, es wurden Stöße bis 40 g (g = 9,81 ms^{-2}), dem 40-fachen der Erdanziehungskraft ungefedert übertragen. Bei höheren Geschwindigkeiten dürfte das Fahrzeug schnell bei den Fahrgästen unpopulär geworden sein. Das Fehlen eines Getriebes bedeutete zudem, dass das Motordrehmoment gleich dem Drehmoment an der Achse war.

5.3.4 Bipolar-Antrieb

In den USA entwickelte General Electric schon im Jahr 1903 den Bipolar-Antrieb. Der Läufer ist immer noch fest auf der Antriebsachse montiert, aber der gefederte Radsatz kann sich vertikal zwischen den in Fahrtrichtung vor und hinter dem Radsatz befindlichen beiden (bipolar) Erregerpolen bewegen. Die ungefederte Masse beträgt nicht mehr die gesamte Lokomotivmasse, sondern entspricht nur der des Treibradsatzes

Die gigantischen 3.000-Volt-»Bipolar«-Loks der US-Bahngesellschaft Milwaukee Road wogen sagenhafte 240 Tonnen, die sich auf 14 Achsen verteilten, und leisteten 4.440 PS. Foto: Slg. Alkofer

inklusive Läufer. Auch diese Entwicklung war eine Sackgasse: Der magnetische Fluss war nicht konstant, die Bedeckung des Läufers mit Polen völlig unzureichend und auch die Kommutierung lief nicht einwandfrei.

5.3.5 Tatzlager-Antrieb

Eine der ältesten, bis heute gebräuchlichen Antriebsformen ist der Tatzlagerantrieb: Der Fahrmotor ist quer zur Fahrtrichtung zwischen den Rädern eingebaut, auf seiner Läuferwelle befindet sich das Ritzelzahnrad beziehungsweise die –räder. Auf der Triebradsatzwelle sind ein oder zwei Großzahnräder aufgepresst. Die Getriebeübersetzung entspricht dem Verhältnis der Zähne zwischen Ritzel und Großrad.
Auf einer Seite ist der Fahrmotor federnd im Rahmen gelagert, auf der anderen Seite stützt er sich auf der Radsatzwelle mit den so genannten Tatzen ab. Das Motorgewicht ist somit zur Hälfte gefedert.
Der Tatzlager-Antrieb ermöglichte ursprünglich keine Federung zwischen Motoranker und Treibachse beim Anfahren, die nötig ist, um Stillstandseinbrennungen zu vermeiden. Dies erreichte man erst durch ein elastisches Bauteil zwischen Großrad und Großradnabe.
Das Tatzlagertriebwerk ist wegen seiner Einfachheit sehr erfolgreich. Bei E-Loks, die nur Höchstgeschwindigkeiten bis ungefähr 140 km/h erreichen müssen, wird diese einfache und preisgünstige Form der Motoraufhängung in weiterentwickelter Form auch heutzutage noch genutzt.

5.3.6 Der Hohlwellen-Tatzlager-Antrieb (Gummiringfederantrieb)

Die einfache Idee des Tatzlagerantriebs wollten die Ingenieure nicht gleich aufgeben. Siemens ist es gelungen, mit seinem Gummiringfederantrieb dem Tatzlagermotor zu anhaltend großem Erfolg zu verhelfen. Der Aufbau ist ähnlich dem konventionellen Tatzlagertriebwerk, allerdings stützt sich der Motor nicht mehr direkt auf der Radsatzachse

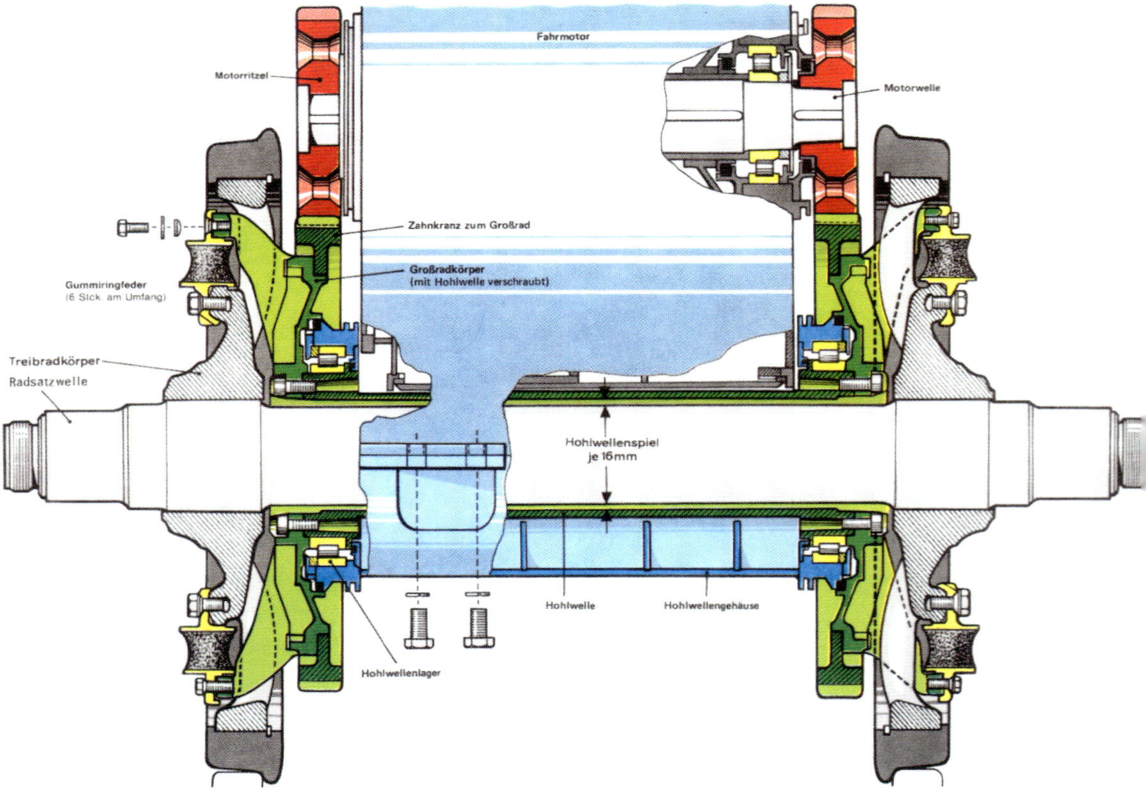

Der Gummiringfederantrieb (hier: BR 110, 111, 112, 139 und 140) war die meistverwendete Antriebsform bei den Bundesbahn-E-Loks.

Bei diesem Radsatz einer DB-Einheitslokomotive ist dank der geöffneten Hohlwelle deutlich die in ihr laufende rote Achswelle zu erkennen. Foto: Emersleben

ab, sondern auf eine diese umhüllende Hohlwelle, auf der das oder die Großräder sitzen. Man spricht bei dieser Aufhängung auch vom Schwebemotor. Vom Großrad reichen Ausleger durch Aussparungen in die Radsatzscheiben und übertragen mit zwischengeschalteten Gummifederelementen das Drehmoment auf die Radsätze.
Zwar lastet immer noch das halbe Motorgewicht auf dem Radsatz, aber eben nicht mehr gänzlich ungefedert, und die Gummifedern sorgen auch für die erforderliche Elastizität beim Anfahren. Ganz nebenbei dämpfen die Gummielemente auch die Schwingungen, die durch das pulsierende Drehmoment bei Einphasen-Wechselstromfahrzeugen entstehen. Bei der DB war dieser Antrieb der Standardantrieb der Nachkriegseinheitslokomotiven der Reihen E 10, 40, 41 und 50.

5.3.7 Buchli-Antrieb

Äußerlich ist dieser nach seinem Erfinder benannte, aus der Schweiz stammende Antrieb unverwechselbar. Buchli-Loks sind typischerweise unsymmetrisch. Während eine Fahrzeugseite beinahe nackt wirkt, scheint die andere überladen.
Beim Buchli-Antrieb sind die Fahrmotoren im gefederten Maschinenraum der Lokomotive eingebaut. Die Motorwelle reicht einseitig oberhalb des Treibradsatzes über ihn hinaus. Das am Ende befindliche Ritzel treibt das außen liegende Großzahnrad an. Es ist in einem mit dem Hauptrahmen fest verbundenen Antriebsrahmen fliegend gelagert.
Der im ersten Moment etwas übertrieben kompliziert anmutende Buchli-Antrieb war durchaus erfolgreich. In Deutschland war die von den Maffey-Werken in München gebaute E 16 ein erfolgreicher und langlebiger Vertreter dieses Einzelachsantriebs. Der große Nachteil des Buchli-Antriebs ist seine Wartungsintensität.

Foto: Luers, Sammlung Alkofer

Das aufgeschnittene Schaumodell eines E16-Buchli-Antriebs verdeutlicht dessen Funktion: Das Großrad (1) ist weitestgehend hohl und so können zwei Zapfen (6), die im Treibrad eingepresst sind, in die Ebene des Großrades hineinragen. Dort sind ebenfalls zwei Getriebezapfen (3) eingepresst, auf denen sich doppelarmige Hebel (5) bewegen. Auf der Innenseite sind diese Hebel mit Zahnsegmenten (4) versehen, die miteinander kämmen und außen wiederum als Zapfen ausgebildet sind. Von diesen Zapfen gehen zwei Hebel beziehungsweise Kuppelstangen zu den Zapfen des Treibrades. So wird das Drehmoment des Fahrmotors auf die angetriebenen Radsätze übertragen.

5.3.8 Federtopf-Antrieb (AEG-Kleinow-Antrieb)

Ziel der Konstrukteure war es stets, den Anteil ungefederter Massen weiter zu verringern, um den Motor noch mehr vor harten Stößen zu schützen und bessere Laufeigenschaften sowie höhere Geschwindigkeiten zu erzielen. Gleichzeitig sollte der Antrieb aber unkompliziert und wartungsfreundlich sein.

Der Federtopf-Antrieb, wie er etwa in den deutschen Baureihen E 04, 17, 18 und 19 zum Einsatz kam, weist wie der Buchli-Antrieb einen im Lokrahmen gelagerten Motor auf. An den Enden einer Hohlwelle sind die Großzahnräder befestigt. Sie werden von den Motorritzeln angetrieben. In der Hohlwelle verläuft die Achswelle. Vom Großrad greifen mehrere Ausleger in die Radscheibenebene der Speichenräder des angetriebenen Radsatzes. Über zwischengeschaltete Federtöpfe wird das Motordrehmoment nun auf die Speichen elastisch übertragen. Das Spiel der Achswelle innerhalb der Hohlwelle beträgt ungefähr 40 Millimeter.

Eine der bekanntesten Vertreterinnen des Buchli-Antriebs war die Schweizer Baureihe Ae4/7. Die Aufnahme von der Lok-Montage in Oerlikon um 1930 zeigt deutlich die vier im Maschinenraum eingebauten Motoren und den speziellen außenliegenden Zusatzrahmen, der den Buchli-Antrieb trägt. Foto: BBC

5.3.9 Der Alsthom-Antrieb

Der Alsthom-Antrieb, in Frankreich sehr verbreitet, besitzt ebenfalls Großzahnräder am Ende einer Hohlwelle, in der die Achswelle läuft. Der Fahrmotor umgreift die Hohlwelle. Für die Federung sorgt der so genannte »Tanzende Ring«: Vom Großrad greifen zwei einander gegenüberliegende Zapfen in das Speichenrad, zwei Mitnehmerzapfen sind im Rad montiert. Die vier Zapfen sind über Lenker und einen frei beweglichen Lenkerring (»Tanzender Ring«), der die Achse ringförmig umgibt, verbunden. Dieser Ring sorgt nun für die nötige Elastizität, indem er die drehenden und senkrechten Bewegungen des Rades mitmacht und ausgleicht.

5.3.10 Frühe Kardan-Antriebe

Um das Drehmoment elastisch zu übertragen und dabei den Motor und zumindest Teile des Getriebes mit dem gefederten Drehgestellrahmen zu verbinden, gibt es verschiedene Lösungen. Heutzutage kommen in modernen Lokomotiven meist so genannte Kardan-Antriebe zum Einsatz. Gerade bei

Einer der Stars in der beachtlichen E-Lok-Sammlung des Thüringer Eisenbahnvereins (TEV) in Weimar ist die 204 011, die mit einem Federtopfantrieb ausgestattet ist.

höheren Geschwindigkeiten ist eine feste Montage des Motors im Drehgestell erforderlich, um Resonanzschwingungen, die bei einem gummigelagerten Motor (schwebender Motor) wie beim Siemens-Hohlwellen-Tatzlager-Antrieb auftreten könnten, zu vermeiden.
Namhafte Hersteller haben sich Gedanken gemacht und teils vergleichbare Konzepte entwickelt: Der BBC-Scheiben-Antrieb, der Sécheron-Lamellen-Antrieb und der Skoda-Antrieb sind verwandt. Allen dreien ist gemeinsam, dass sie keine Radsatzhohlwelle nutzen, sondern einen modifizierten Motorläufer. Der BBC- und der Sécheron-Antrieb haben eine Läuferhohlwelle, in der eine drehelastische Kardanwelle (Torsionswelle) läuft. Vom Läufer wird beim BBC-Antrieb über spezielle elastische Stahlplatten (Scheibenkupplung) das Motordrehmoment auf die Kardanwelle einseitig übertragen. Die Kardanwelle wird über eine zweite Scheibenkupplung auf der anderen Motorseite mit der Ritzelwelle verbunden, die gemeinsam mit dem Großrad, das fest auf der Radsatzachse läuft, in einem Getriebeschutzkasten untergebracht ist.
Nachteilig ist, dass die ungefederte Radsatzmasse bei diesem Antrieb um die Masse des Großrades erhöht wird. Der Getriebekasten ist vergleichsweise aufwendig und die Hohlwellenläuferkonstruktion ist kompliziert.
Der Sécheron-Antrieb unterscheidet sich vom BBC-Antrieb hauptsächlich durch die Art der Kupplung.

5.3.11 Kardan-Gummi-Ring/ Gummigelenk-Antrieb

Ein kardanischer Antrieb ist für schnelle E-Loks eine gute Wahl. Aber die aufwendige Motorkonstruktion mit Läuferhohlwelle war am Ende eine Sackgasse.

Heutiger Stand der Technik sind Gummi-Ring-/ Gummigelenk-Kardan-Hohlwellenantrieb, wie etwa der von BBC entwickelte: Vom auf der Achshohlwelle sitzenden Ritzel wird über in Gummi gelagerte Gelenkhebelkupplungen das Drehmoment einseitig auf die Hohlwelle und über weitere gleichartige, in Gummi gelagerte Gelenkhebelkupplungen auf das gegenüberliegende Rad übertragen. Über die Radsatzwelle wird das andere Rad mitgenommen. Bei diesem Antrieb ist die Hohlwelle das drehelastische Bauteil. Die ungefederte Masse entspricht nur noch der Masse des Radsatzes.

Die Antriebsentwicklung ist nicht stehen geblieben. In modernen Drehgestellen sind die Fahrmotoren immer mehr in die Mitte zur Vertikalachse gerückt, teilweise im Fahrzeugrahmen befestigt, damit die Motormasse nicht mehr bei der Drehgestellmasse zu Buche schlägt. Zwischenräder zwischen Ritzel und Großrad verschaffen zusätzlichen Raum für den Einbau von Bremsscheiben oder es werden eigene Bremswellen im Drehgestell integriert, wie bei den Drehgestellen der Siemens-Taurus-Loks.

5.3.12 Monomoteur-Antriebe

In Frankreich waren Antriebe populär, bei denen ein Motor im Drehgestell mehrere Achsen über ein Getriebe antreibt. Der Vorteil eines solchen Triebwerkskonzeptes liegt in der Minderung der Schleudergefahr durch Achsentlastung beim Anfahren. Der hochliegende Fahrmotor verkürzt auch den Achsstand im Drehgestell und so das Trägheitsmoment um die vertikale Z-Achse.

Die Achse einer E-Lok der Baureihe 120 zeigt einige Details des Gummigelenk-Kardan-Hohlwellenantrieb von BBC: Links auf der Achse ist das Ritzel mit Pfeilverzahnung zu sehen, auf der anderen Achsseite sind die Gelenkhebelkupplungen und der Gabelstern zu erkennen.

Foto: Kiebler

Vom Motor wird das Drehmoment bei vielen SNCF-Loks über ein Zahnradgetriebe und über einen Alsthom-Hohlwellen-Antrieb mit »Tanzendem Ring« auf die Radsätze übertragen. Ein weiterer Vorteil dieser Antriebsform liegt in der Möglichkeit, unterschiedliche Übersetzungen einbauen und Lokomotiven vielseitiger einsetzen zu können. Die SNCF spendierte auch Schnellzuglokomotiven wie der 220 km/h schnellen, sechsachsigen Baureihe CC 6500 einen Rangiergang. Im Güterzugbetrieb nur knapp über 100 km/h schnell, hatte sie jedoch deutlich größere Zugkraft.
Die Nachteile derartiger Monomoteur-Antriebe sind der zusätzliche Wartungsaufwand für das Getriebe sowie höhere Anschaffungs- und Betriebskosten.

5.4 Der Weg des Stromes

An dieser Stelle soll ein kleiner Überblick über den Weg des Stromes von der Fahrleitung bis zum Traktionsmotor gezeigt werden:
Für die elektrische Verbindung zwischen der isolierten und gegen Erde unter Spannung stehenden Fahrleitung sowie der Lok sorgt der Stromabnehmer. Dieser schleift entlang des Fahrdrahtes. Vom Stromabnehmer führt der Weg zum Hauptschalter, der für das schnelle und sichere Trennen der Lokomotive von der Fahrdrahtspannung zuständig ist. Nach dem Hauptschalter unterscheiden sich Lokomotiven sehr, je nachdem, ob es sich um Gleich- oder Wechselstromfahrzeuge handelt. Gleichstromloks haben einen einfacheren Aufbau als ihre Wechselstrompendants. Beiden Lokomotivarten ist jedoch gleich, dass nach dem Hauptschalter die Spannungssteuerung erfolgt. An die Spannungssteuerung schließen sich die Fahrmotoren an. Von den Fahrmotoren wird der Stromkreis über die Räder und die Schienen zurück zum Kraftwerk geschlossen.

5.4.1 Der Stromabnehmer

Während frühe Stromabnehmer primitive Schleifkontakte waren, die mitgezogen wurden, sind heutige Typen ausgereifte High-Tech-Produkte, die auch bei Geschwindigkeiten von über 300 km/h für eine sichere elektrische Verbindung sorgen.

Mit dem Intercity-Experimental begann auch in Deutschland die Hochgeschwindigkeitszeitrechnung. Stromabnehmer für Tempo 280 müssen extremen Anforderungen genügen. Foto: Kiebler

Die Anforderungen an einen modernen Stromabnehmer sind beträchtlich: Er soll für eine konstante, möglichst lichtbogenfreie Stromzuführung sorgen. Stromunterbrechungen sind gleichbedeutend mit Zugkraftunterbrechungen. Kleine Lichtbogen (mit sehr hohen Temperaturen), die bei kurzzeitigen Kontaktunterbrechungen entstehen, sorgen für Einbrennungen an der Kontaktstelle und somit für Verschleiß.

Um diese Anforderungen erfüllen zu können, muss die Trägheit des Stromabnehmers, also seine Masse, gering sein, damit er jederzeit schnell Höhenschwankungen ausgleichen kann. Vor allem das ungefedert am Fahrdraht anliegende Schleifstück muss möglichst leicht sein.

Der Fahrdraht variiert in der Höhe um bis zu 1,5 Meter. So hängt er in Bahnhöfen aus Sicherheitsgründen und an Bahnübergängen, um eine größere Durchfahrtshöhe zu ermöglichen, höher. Tunnel weisen aus Kostengründen meist ein möglichst niedriges Profil auf und deshalb soll dort der Fahrdraht so tief wie technisch möglich hängen. Der Stromabnehmer muss bei der zulässigen Höchstgeschwindigkeit jederzeit diese Höhenvariationen ausgleichen.

Weiter muss der Stromabnehmer auch den Jahreszeiten trotzen, bei starkem Wind, Regen, Schnee und Eis in der Lage sein, einen konstanten Stromfluss zu gewährleisten. Seine Anpresskraft soll unabhängig von der Geschwindigkeit sein und beträgt im Stillstand zwischen 50 und 120 N, je nach Stromsystem. Man nennt dies die statische Anpresskraft.

Vor allem der Einfluss des Fahrtwindes auf das Verhalten des Stromabnehmers ist beträchtlich. Gerade Stromabnehmer für Hochgeschwindigkeitsfahrzeuge müssen hohe aerodynamische Anforderungen erfüllen. Diese zusätzlichen Kräfte, die sich zur statischen Anpresskraft addieren oder sie verringern, nennt man dynamische Anpresskräfte.

Der Fahrdraht kann weiter Auf- und Abschwingungen ausführen, die entweder die Anpresskraft verstärken oder verringern.

Die ersten Stromabnehmer waren einfache Stangen, an deren Ende Rollen oder Schlitten montiert waren, die auf der Fahrleitung liefen. Das System hatte entscheidende Nachteile: Bei Fahrtrichtungsänderung musste vom Triebfahrzeugführer der Stangenstromabnehmer ausgefädelt, gewendet und neu eingefädelt werden. Es waren Fahrleitungsweichen nötig, die Gefahr des Entgleisens der Rolle an den Fahrleitungsstützpunkten war relativ hoch, auch weil der bis fünf Meter lange Stangenstromabnehmer sehr träge ist. Oberleitungsbusse (Trolleybusse) verwenden heute noch Stangenstromabnehmer.

Eine erste Verbesserung war der so genannte Lyra-Stromabnehmer, dessen Name von der Form des historischen Saiteninstruments stammt, der zumindest an Weichen keine Probleme machte. In der Frühzeit der Elektroloks wurde rege experimentiert, unter anderem mit der Fahrleitung, dementsprechend gab es auch die ein oder andere urige Stromabnehmerkonstruktion. Es gab seitliche Fahrleitungen, mit ebenfalls seitlichen Stromabnehmern an den Lokomotiven (gibt es heute noch bei Grubenlokomotiven) oder Zwei- und Dreifach-Stromabnehmer für Drehstrombahnsysteme.

Als Standardstromabnehmer hat sich längst der Scherenstromabnehmer, auch Pantograph genannt, mit doppelter oder heute meist mit einfacher, weil leichterer Schere (Einholmstromabnehmer) durchgesetzt. Dabei kann das Stromabnehmergelenk in Fahrtrichtung zeigen (Kniegang) oder entgegen (Spießgang).

Das Grundprinzip ist bei beinahe allen Abnehmern gleich: Auf Isolatoren auf dem Dach sitzt das Stromabnehmergerüst. Darauf sind die gefederte Schere sowie der Stromabnehmerantrieb montiert. Am Ende der Schere befindet sich die bewegliche Stromabnehmerwippe mit den Schleifleisten. Alle Bauteile stehen unter Spannung, deshalb ist die Isolierung gegen das Dach unverzichtbar.

Der Lokführer hebt und senkt den Stromabnehmer elektropneumatisch, das heißt mit Druckluft vom Führerstand aus.

Die Wippe des Stromabnehmers kann je nach Stromsystem über ein bis drei Schleifleisten aus verschiedenem Material verfügen und ist in verschiedenen Ländern unterschiedlich breit.

Die Breite der Wippe hängt davon ab, wie ausgeprägt der so genannte Fahrleitungs-Zickzack ist. Die Fahrleitung verläuft von Oberleitungsmast zu Oberleitungsmast nicht parallel zu den Schienen, sondern in einem Zickzack, damit in den Schleifstücken der Stromabnehmer keine Furchen entstehen.

Alte Stromabnehmer bis etwa Mitte der 1950er-Jahre für das $16^2/_3$-Hz-AC-System verfügten meist über ein Einfach-

Eine noch recht eigentümliche Stromabnehmer-Frühform besaß die erste Einphasen-Wechselstrom-Lokomotive in Deutschland, die LAG 1, die auf der Strecke Murnau – Oberammergau zum Einsatz kam. Nach ihrer Ausmusterung stand sie viele Jahre als Denkmal-Lok vor dem Münchner AW Freimann. Foto: Lürs, Slg. Alkofer

Zahlreiche Vorkriegs-Typen verfügten über Stromabnehmer mit lediglich einem Schleifstück, wie auch die 145 162, die am 10. Oktober 1982 gleich die Haupthalle des Münchner Hauptbahnhofs erreicht. Die Baureihe 145 ist übrigens eine ehemalige E 44W, eine von 25 gebauten E 44 mit elektrischer Widerstandsbremse. Foto: Lürs, Slg. Alkofer

Schleifstück. Loks, die etwa die deutschen DRG-Stromabnehmertypen SBS 10 oder 39 auf dem Dach hatten, fuhren deshalb mit beiden Stromabnehmern am Fahrdraht. Der Vorteil ist das verminderte Risiko der Stromunterbrechung, da es unwahrscheinlich ist, dass beide Pantographen gleichzeitig vom Fahrdraht abspringen, allerdings ist der Verschleiß größer und der Luftwiderstand höher.

Moderne Stromabnehmer für das Wechselstromsystem verfügen über ein bewegliches Doppelschleifstück, so dass in der Regel nur ein Stromabnehmer am Fahrdraht liegt.

Bei Gleichstrombahnen liegen mitunter beide Stromabnehmer, die über zwei bis drei Schleifstücke verfügen, am Fahrdraht. Das liegt an den wesentlich höheren Stromstärken, die beim Gleichstromsystem durch den Fahrdraht fließen.

Die Schleifstücke bestehen je nach Stromsystem aus Kohle, Aluminium oder Kupfer und selten auch aus Stahl. Jedes Material hat spezifische Vor- und Nachteile bezüglich Gewicht, Leitfähigkeit und Abrieb.

Bei Wechselstromsystemen wird meist Kohle (Hartkohle, metallisierte Kohle) als Schleifleistenmaterial verwendet, sie ist preiswert und hat zudem eine schmierende Wirkung am Fahrdraht, was für geringen Abrieb und lange Lebensdauer der Fahrleitung sorgt. Allerdings haben Kohlenstoffschleifstücke einen vergleichsweise hohen Übergangswiderstand und vertragen nicht die hohen Ströme des Gleichstromsystems. Bei 3-kV-Bahnen kommen vor allem Kupfer-Schleifstücke zum Einsatz. Auch die Form der Schleifstücke und die zugehörigen Fassungen variieren.

Die Grenzgängerin 189 055 wurde von Railion mit vier Stromabnehmern bestellt. Die äußeren Stromabnehmer sind für AC-Bahnstromsysteme, die inneren Positionen für DC- oder AC-Stromabnehmer.
Detailaufnahme von zweien der vier Stromabnehmer der 189 055 (li.). Die Schleifstücke des linken Stromabnehmers sind aus Kohle und für den AC-Einsatz, die des rechten aus Kupfer für DC-Bahnen.

Vorschriftsmäßig haben die beiden ÖBB-1012 den vordersten und den hintersten Stromabnehmer der Doppeltraktion an den Fahrdraht gelegt. Die Baureihe 1012 war ursprünglich als ÖBB-Hochgeschwindigkeitslokomotive konzipiert, kam aber nicht über den Bau dreier Prototypen hinaus. Foto: Emersleben

Fahren mit dem Stromabnehmer

In der Regel wird der in Fahrtrichtung hinten liegende Stromabnehmer genutzt. Das hat im Fall seiner Beschädigung den Vorteil, dass abbrechende Teile nicht den ungenutzten Stromabnehmer beschädigen können und dieser als Reserve zur Verfügung steht. Außerdem ist das Fahren mit dem gehobenen hinteren Stromabnehmer aerodynamisch günstiger und die Lok verschmutzt weniger durch Schleifleistenabrieb.

Ausnahmen:

1. Doppeltraktion: Es werden die am weitesten voneinander entfernten Stromabnehmer gehoben (der vordere der vorderen Lok und der hintere der hinteren).
2. Gefahrgut oder empfindliche Fracht: Befindet sich hinter der führenden E-Lok unmittelbar ein Wagen mit feuergefährlicher Fracht oder hochwertigen Gütern (Automobile), so soll der vordere Stromabnehmer gehoben werden, damit am Fahrdraht entstehende Funken kein Risiko für die Fracht darstellen.

Bei modernen Mehrsystem-Lokomotiven besteht häufig kaum eine Wahlmöglichkeit. Sie besitzen zwar bis zu vier Stromabnehmer, aber jeder ist für ein bestimmtes Stromsystem festgelegt.

Der seitliche Stromabnehmer einer Hamburger S-Bahn der Baureihe 472. Foto: Emersleben

Besondere Stromabnehmer haben Fahrzeuge, die ihre Energie aus einer seitlichen Stromschiene beziehen, häufig handelt es sich dabei um Gleichstrom-Nahverkehrs-, U- und S-Bahnen (Berlin, Hamburg, Großbritannien). Der Stromabnehmer besteht aus einem Schleifstück, das von unten oder oben gegen eine massive seitliche Stromschiene drückt. Die aufwendige seitliche Stromschiene ermöglicht zwar beim Einbau im Tunnel ein deutlich niedrigeres Tunnelprofil, erfordert jedoch bei Weichen komplizierte Stromführungen, genauso wie beidseitig des Fahrzeugs befindliche Stromabnehmer.

Man erkennt gut die rot lackierte Hochspannungsdachleitung. Das zentrale Bauteil über dem runden Deckel ist der Hauptschalter DAT der DR-212. Foto: Emersleben

5.5 Die Dachausrüstung

Moderne Lokomotiven aus den letzten beiden Jahrzehnten haben oft ein sehr aufgeräumt wirkendes Dach im Gegensatz zu den meisten älteren Konstruktionen, bei denen allerhand Schalter, Geräte und Leitungen auf dem Dach im Freien befestigt waren. Das hatte den Vorteil, den Anteil hochspannungsführender Teile im Maschinenraum verringern zu können. Allerdings waren die auf dem Dach montierten Komponenten stets Witterungseinflüssen ausgesetzt:

1. Isolatoren und Dachleitungen. Die Dachleitung verbindet die beiden Stromabnehmer und hat einen Abzweig zum Hauptschalter und somit zum Maschinenraum. Meist ist sie in einer Warnfarbe (rot) gestrichen, da sie unter Hochspannung steht. Sie ist auf Porzellanrillenisolatoren aufgeständert und so gegen das Fahrzeug isoliert. Bei mehrteiligen (Doppel-) Lokomotiven oder Triebwagen sind die einzelnen Teile über flexible Kupferbänder an den Fahrzeugenden verbunden.

2. Der Dachtrennschalter dient der elektrischen Isolation einzelner oder beider Stromabnehmer. Er hat bei Loks mit zwei Stromabnehmern vier Stellungen: Stromabnehmer vorne ein, Stromabnehmer hinten ein, beide Stromabnehmer ein, beide Stromabnehmer aus. Der Dachtrennschalter ist kein Leistungsschalter und darf nur bei ausgeschaltetem Hauptschalter betätigt werden. Manche Lokomotiven besitzen zwei Dachtrennschalter, für jeden der beiden Stromabnehmer einen.
3. Der Überspannungsschutz schützt im Falle eines Blitzeinschlages den Transformator und andere elektrische Bauteile vor einer zu hohen Eingangsspannung. Der Überspannungsschutz ist ein spannungsabhängiger Widerstand, spricht bei ungefähr dem Zweieinhalbfachen der Fahrleitungsnennspannung an und leitet den Strom zur Erde ab.
4. Mit dem Oberspannungswandler besteht die Möglichkeit, die Fahrdrahtspannung zu messen, auch wenn der Hauptschalter ausgeschaltet ist.

5.6 Der Hauptschalter

Eines der bedeutendsten Bauteile einer E-Lok ist der Hauptschalter. Er ist das wichtigste Lastschaltteil und muss hohe Ströme und Spannungen stets schnell und zuverlässig schalten können. Der Hauptschalter trennt im Betrieb die Lokomotive vom Fahrleitungsnetz. Seine Schaltleistung ist in der Regel um einiges überdimensioniert gegenüber der Standardfahrdrahtspannung. Der Hauptschalter muss in der Lage sein, den größtmöglichen Kurzschlussstrom, den ein Unterwerk liefern könnte, sicher und selbsttätig in kürzester Zeit abzuschalten. Überdies sollte der Hauptschalter wartungsarm und zuverlässig sein, denn in einem Betriebsjahr finden bei einer E-Lok ($16^2/_3$ Hz-System) rund 25.000 Ein- und Ausschaltvorgänge statt.

5.6.1 Ölschalter

Auch vor den Hauptschaltern hat der technische Fortschritt nicht Halt gemacht. Frühe Hauptschalter waren so genannte Ölschalter: Sie wurden mittels Druckluft eingeschaltet und mit Federkraft erfolgte das Abschalten.
Die Funktionsweise ist einfach: In einem druckdichten Behälter befindet sich der Schaltapparat in einem Ölbad. Wenn die Mehrfachkontakte des Schalters geöffnet werden, erlischt der entstehende Lichtbogen im sauerstofffreien Ölbad.
Ölschalter waren groß, schwer, hatten lediglich eine eingeschränkte Schaltleistung und es bestand ein gewisses Brand- und Explosionsrestrisiko. In den 1930er-Jahren verschwanden sie aus dem Lokomotivbau.

5.6.2 Expansionsschalter

Auch die Expansionsschalter, die ölfrei waren, sind längst verschwunden. Zum Löschen des Lichtbogens wurde eine wässrige Lösung benutzt. Mit großen Hebelübersetzungen mittels spezieller Kniegelenkhebel wurde der Kontakt in kürzester Zeit unterbrochen und die Kontaktflächen weit auseinander gezogen. Mittels Druckluft wurden Expansionsschalter ein- und mit Federkraft abgeschaltet.

5.6.3 Druckluftschalter

Modernere Hauptschalter arbeiten mit Druckluft, auch weil diese auf jeder Lokomotive vor allem zum Bremsen zur Verfügung steht. Die Druckluft wird genutzt, um den Hauptschalter in Betrieb zu nehmen, um ihn auszuschalten und schließlich dient sie auch zum Löschen des entstehenden Lichtbogens.
Bei älteren E-Loks ist der Hochspannungsteil des Druckluftschalters außerhalb der Lok untergebracht. Der pneumatische Teil (Luftbehälter, Ventile, Steuerung) befindet sich innerhalb des Maschinenraums.
Ein Schalldämpfer mindert die Lautstärke des beim Ausschalten entstehenden Knalls.
Da Druckluftschalter sowohl zum Ein- als auch Ausschalten Luft benötigen, muss ein Hilfsluftpresser an Bord sein, der auch von der Batterie betrieben werden kann, und der jederzeit die erforderliche Schaltluft bereitstellt, um die Lok aufrüsten zu können.
Leistungsfähigere Druckluft-Schnellschalter wie die Modelle DBTF der Bundesbahn und DAT der DR aus den 1950/60er-Jahren arbeiten nach demselben Prinzip, sind aber noch mit

Wie entsteht ein Lichtbogen?

Die meisten kennen aus dem Alltag die kleinen Lichtblitze, die zu beobachten sind, wenn elektrische Geräte ein- oder ausgeschaltet werden.

Wir betrachten den Ausschaltvorgang an einem Schalter. Der elektrische Kontakt ist anfangs geschlossen, Metallkontakte berühren sich hinreichend flächig unter Druck, Strom fließt. Im Moment des Ausschaltens lässt der Druck auf den Kontakten nach, sie springen jedoch nicht augenblicklich auseinander, der Ausschaltvorgang dauert eine gewisse, wenn auch kurze Zeit. Die Berührungspunkte der Kontakte verringern sich, mikroskopisch betrachtet. Der Übergangswiderstand nimmt zu, die Stromdichte und die Entladungsstromstärke steigen. Dort, wo noch Strom fließt, kommt es zu lokalen Erwärmungen (Joulesche Wärme) und zur Ionisation von Metallatomen, die aus dem Leiter durch die Erwärmung ausgetreten sind. Außerdem treten Elektronen durch Feldemission aus. Es kommt im Raum zwischen den Kontakten noch zu Stoßionisation und weitere freie, stark erhitzte Ladungsträger werden produziert, der Lichtbogen aus freien geladenen Teilchen entsteht.

In der Elektrotechnik sind Lichtbögen unerwünscht, denn sie können elektrische Kontakte beschädigen. Wenn der Lichtbogen schnell abreißen soll, um Kontakte vor elektrischem Verschleiß zu schützen, muss nachgeholfen werden. Eine zusätzliche Schwierigkeit ergibt sich bei Anwesenheit von Induktivitäten, die den Stromfluss nach dem Abschalten aufrechterhalten und zusätzliche Spannungsstöße entwickeln können.

Die erste Methode ist, die Kontakte sehr schnell möglichst weit voneinander zu entfernen, das heißt, den Lichtbogen schnell zu verlängern. Dadurch verringert sich die Dichte der freien Ladungsträger. Dazu kann man die Kontakte mit Federn auseinander ziehen, so genannte Funkenhörner anbringen oder den Lichtbogen magnetisch beblasen: Dabei durchfließt der zu löschende Strom eine Spule, die ein spezielles Magnetfeld erzeugt, das den Lichtbogen in Richtung der meist angebrachten Funkenhörner treibt.

Spezielle Funkenkamine verlängern ebenfalls den Lichtbogenweg.

Das zweite Mittel ist schnelle Abkühlung, es verhindert das Austreten freier Ladungsträger. Als Löschmittel eignen sich nicht brennbare Flüssigkeiten mit einem möglichst hohen Wärmekoeffizienten oder Gase, die die Wärme schnell abführen.

Bei Wechselspannung nutzt man den Nulldurchgang der Spannung zur Löschung des Lichtbogens. Der Schaltvorgang muss so eingeleitet werden, dass der Kontaktabstand, wenn die Spannung nach dem Nulldurchgang wieder ansteigt, groß genug ist, um eine erneute Zündung des Lichtbogens zu unterbinden.

Bei geringen Leistungen erlischt der Lichtbogen beim Nulldurchgang der Wechselspannung ohne weitere Maßnahmen.

Der Funkenkamin eines Heizschützes der Baureihe 111 der DB AG.

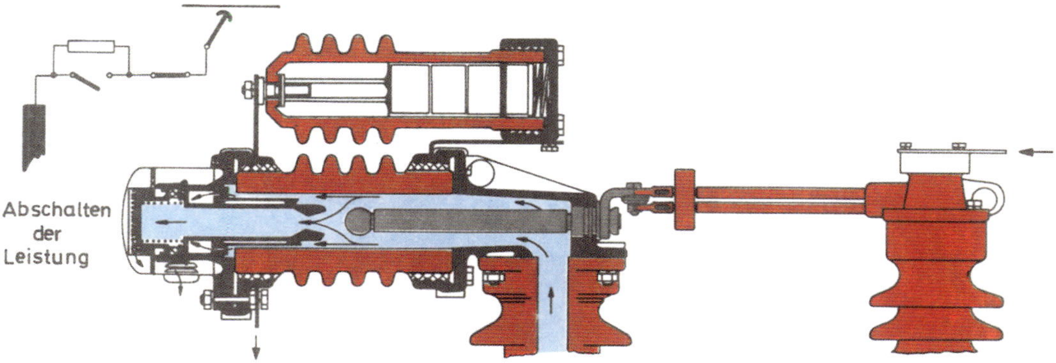

Der bei der DB viel verwendete DBTF-Hauptschalter im Moment des Ausschaltens. Die Druckluft drückt die Kontakte auseinander, der Strom fließt über den spannungsabhängigen Widerstand, als nächstes öffnet das Trennmesser.

einem zusätzlichen Trennschalter (Trennmesser) ausgerüstet. Beim Ausschalten öffnet zunächst die Leistungstrennstelle und zeitverzögert öffnet das Trennmesser, das eine Spannungstrennstelle darstellt. Danach schließt der Leistungsschalter wieder und nur die Spannungstrennstelle bleibt offen. Ein parallel geschalteter, spannungsabhängiger Widerstand begrenzt induktive Überspannungen, die beim Abschalten des Transformators entstehen können und vermindert das Risiko der Rückzündung des Lichtbogens. Beim Einschalten muss lediglich das Trennmesser geschlossen werden.

5.6.4 Der Vakuumhauptschalter

Die Funktionsweise ist ähnlich der schon beschriebenen Schalter. Mittels Druckluft und Kniehebelgelenken werden die Kontakte schnell geschlossen beziehungsweise geöffnet. Das Besondere der Schalterbauart ist die Schaltkammer, in der keine Flüssigkeit oder ein Gas zum Löschen des Lichtbogens genutzt wird, sondern ein Vakuum herrscht.
Beim Ausschalten entsteht auch im Vakuumschalter ein Lichtbogen. Die besondere Form der Kontaktflächen sorgt für eine Rotation des Lichtbogens, was Einbrennungen reduziert. Bei den Stromnulldurchgängen der Wechselspannung erlischt er. Der Vakuumschalter hat eine Reihe von Vorteilen und eignet sich für Abschaltströme bis 40 kA, ist unkompliziert und es sind keine Löschmittel nötig. Vakuumhauptschalter sind wartungsfreundlich und relativ leise. Grundvoraussetzung ist jedoch ein stabiles, über die Lebenszeit des Schalters haltendes Vakuum.

5.6.5 Hauptschalter für Gleichstromfahrzeuge

Hauptschalter für Gleichstromfahrzeuge arbeiten anders: Im Gleichstromfall sind deutlich höhere Ströme bei geringeren Spannungen zu löschen. Es gibt keinen Strom-, beziehungsweise Spannungsnulldurchgang, der für eine selbsttätige Löschung sorgt oder zumindest das Löschen erleichtert.
Zum Löschen des Lichtbogens dienen geräumige Funkenkamine und eine intensive magnetische Beblasung.

5.7 Der Transformator

Dieses Kapitel beschäftigt sich nur mit Wechselstromtriebfahrzeugen, denn nur diese besitzen einen Transformator. Allerdings ist er bei ihnen ein umso wichtigeres Bauteil.
Der Trafo ist immer noch ein schweres und voluminöses Bauteil einer E-Lok, auch wenn moderne Modelle deutlich abspeckten, im Vergleich zu jenen früherer E-Loks.

Der Dreischenkelöltrafo der schweren sechsachsigen Güterzug-Baureihe 151 der DB AG wiegt 15.350 kg. Das Kühlöl bringt 2.250 kg auf die Waage. Er leistet 6.325 MVA und bietet 28 Fahrstufen. Foto: Frickel

Das Transformatorgewicht konnte bei älteren Lokomotiven bis zu 20 Prozent des Gesamtlokgewichts betragen. Außerdem hat der Transformator einen großen Platzbedarf. Deshalb ist er in vielen Loks das beherrschende Bauteil. Nach Möglichkeit wird er zentral eingebaut, um eine symmetrische Massenverteilung zu erzielen. Bei manchen Lokomotiven wie der Schweizer Ae 4/7 war dort kein Platz, so rückte der Trafo in eine Lokhälfte. Damit auf der Trafoseite die Achslast nicht zu sehr anstieg, musste dort ein zweiachsiges Laufgestell statt einer Laufachse montiert werden.

Bei aktuellen E-Loks ist der Trafo häufig unterflur zwischen den Drehgestellen aufgehängt.

Die Leistung des Transformators muss so dimensioniert sein, dass die Fahrmotoren jederzeit Höchstleistung bringen können und gleichzeitig genug Leistung für die Hilfsbetriebe und eventuell für die Versorgung einer Reisezugheizung beziehungsweise Klimaanlage zur Verfügung steht. Die Fahrdrahtspannung, die meist zwischen 10 und 25 kV liegt, muss auf die maximalen Motorspannungen zwischen 300 und 1.000 Volt herabtransformiert werden. Transformatoren für das 16²/₃ Hz-System sind etwas schwerer als vergleichbare 50-Hz-Trafos. E-Lok-Trafos befinden sich meist in einer abgeschlossenen Ölwanne. Das zur Kühlung dienende Öl wird permanent umgewälzt, um die entstehende Wärme schnell nach außen abzuführen. Zwar ist das Ölgewicht nicht unbeträchtlich, Ölpumpe, Kühler und Leitungen addieren sich ebenfalls zur Trafogesamtmasse, aber insgesamt hat ein derartig gekühlter Trafo ein geringeres spezifisches Leistungsgewicht als ein lediglich luftgekühlter Trockentransformator.

Es gibt unterschiedliche Transformatorbauformen: Zunächst werden die Eisenkerne differenziert in Kern- und Mantelbauart. Beim Manteltrafo sitzen Primär- und Sekundärwicklung auf einem gemeinsamen Mittelschenkel und der magnetische Rückschluss erfolgt über zwei Außenschenkel, die wie ein Mantel die Wicklung umschließen. Manchmal sitzt eine der Wicklungen auch auf einem Außenschenkel.

Auch die Art der Spulenwicklung kann unterschiedlich sein. Bei der so genannten Röhren- oder Zylinderwicklung werden zwei Spulen ineinander gesetzt. Sie ummanteln den Kern wie zwei Röhren. Bei der Scheibenwicklung werden Hoch- und Niederspannungsspulen scheibenförmig und abwechselnd übereinander geschichtet.

Der Kerntransformator sieht im Prinzip aus wie das aus dem Schul-Physikunterricht bekannte Modell. Zwei Schenkel, auf denen je eine Spule sitzt, werden über Joche verbunden.

Lokomotivtransformatoren werden in der Regel in der so genannten Sparschaltung gebaut, bei der Primär- und Sekundärwicklung leitend miteinander verbunden sind. So kann die Primärwicklung um die Zahl der Sekundärwicklungen reduziert werden. Das spart etwas Material (rund vier Prozent Kupfer) und Gewicht.

Die Grundidee bei einer E-Lok ist es, den Fahrmotoren verschiedene Spannungen zuzuführen und so unterschiedliche Geschwindigkeiten beziehungsweise Zugkräfte/Drehmomente zu erzielen.

Dafür werden am Transformator bei bestimmten Spulenwindungszahlen Anzapfungen, die einer festen Spannung entsprechen, angebracht und so je nach Zahl der Anzapfungen eine bestimmte Anzahl von Fahrstufen ermöglicht. Je mehr Fahrstufen, desto feinfühliger lässt sich die Lokomotive steuern.

5.8 Die E-Lok-Fahrmotoren

Die Ansprüche, die an Elektromotoren für den Bahneinsatz gestellt werden, sind hoch. Sie müssen äußerst zuverlässig und robust sein. Laufleistungen von mehreren 100.000 Kilometern im Laufe des 30-, 40- oder gar 50-jährigen Lebens einer E-Lok sind die Regel. Die Einsatzbedingungen für Bahnmotoren sind hart: Häufig sind sie bei Drehgestellmotoren beinahe unmittelbar der Witterung ausgesetzt. Fahrten durch Regen und Schnee dürfen ihnen ebenso wenig anhaben wie große Hitze oder arktische Kälte.

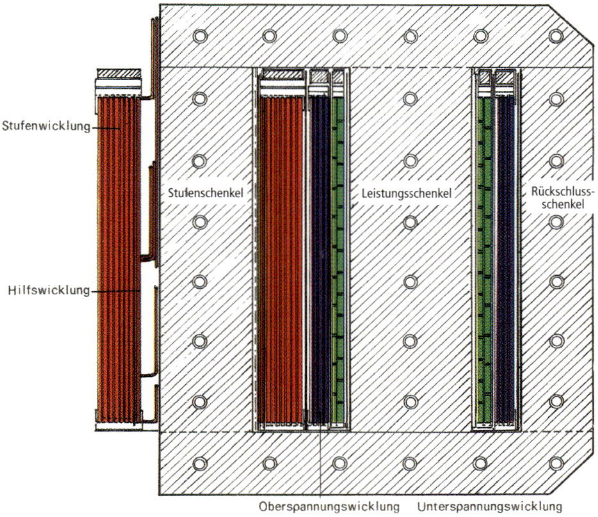

Einer der meistgebauten DB-Transformatoren war der Typ für die Einheitslok-Baureihen 110, 112, 139 und 140: Stufen- und Hilfswicklung sitzen auf einem Schenkel. Die Stufenwicklung besitzt 29 Anzapfungen. Das Übersetzungsverhältnis im Leistungstrafo beträgt etwa 30:1, die größte Fahrmotorspannung ist 542 Volt, in der kleinsten Fahrstufe 1 werden 26,3 Volt abgegeben.

169 002 musste als Lok mit Einsatzgebiet Voralpenraum unbedingt winterfest sein. Im Winter 1982 zieht sie ihren Nahgüterzug zwischen Murnau und Oberammergau. Foto: Lürs, Sammlung Alkofer

Auch der Fahrbetrieb hat es in sich: Das Arbeitsspektrum moderner Universal-E-Loks reicht vom Hochgeschwindigkeitsverkehr mit Geschwindigkeiten von weit über 200 km/h über das Anfahren schwerster Güterzüge bis zum Einsatz im S-Bahn-Verkehr mit stetigem Wechsel zwischen maximaler Beschleunigung und Bremsbetrieb. Sowohl Drehzahl als auch Drehmoment werden im alltäglichen Einsatz bis an die Grenzen ausgereizt und ein schleudernder Motor erreicht zudem schnell das Doppelte seiner Nenndrehzahl und sollte diese mechanische Überlastung zumindest kurzfristig überstehen.
Bahnmotoren müssen trotz modernster Drehgestelle und perfektionierter Abfederung noch immer harte Stöße, wie sie etwa beim Überfahren von Weichen auftreten, aushalten.

5.8.1 Die Kommutatormotoren

Alle E-Motoren haben einen ähnlichen Grundaufbau. Im Gehäuse (Stator) befinden sich die Pole in Form von (Magnet-) Feldwicklungen.
Der Stator sorgt auch für den magnetischen Rückschluss. Polschuhe leiten den magnetischen Fluss in den im Stator sich drehenden Anker (Rotor). Der unvermeidliche Luftspalt zwischen Anker und Polschuh, der für eine ungehinderte Drehung nötig ist, sollte möglichst klein sein, da die magnetische Flussdichte umgekehrt proportional zur Größe des Luftspalts ist. Die Motorwelle trägt das Ankerblechpaket aus isolierten Dynamoblechen. In speziellen Nuten befinden sich die Läuferwicklungen.
Die Wicklungen sind an ihren Enden mit dem Kommutator verlötet. Den Läuferwicklungen wird der Strom über Kohlebürsten zugeführt.
Kommutator-Bahnmotoren werden in der Regel als Reihenschlussmotoren ausgelegt, bei denen Anker und Feld in Serie geschalten sind, das heißt, nacheinander vom selben Strom durchflossen werden. Nebenschluss-Maschinen wurden aufgrund ihrer speziellen Drehmoment-Kennlinie, die für den Schienenverkehr wenig geeignet ist, nicht verwendet. Mit dem Aufkommen der Halbleiterbautechnik wurden auch gemischterregte Motoren möglich.
Der Reihenschlussmotor entwickelt bei geringer Drehzahl ein großes Drehmoment, das mit steigender Drehzahl abnimmt. Die Abnahme erfolgt etwa nach der Formel $^1/_{n^2}$. Somit passt sich der Reihenschlussmotor der Belastung im Zugbetrieb automatisch an.
Weitere Vorteile des Reihenschlussmotors sind sein kompakter, wenig störungsanfälliger Aufbau, seine Unempfindlichkeit gegen Spannungsspitzen, da Drehmoment und Erregung von der Spannung unabhängig sind, sowie die vergleichsweise leichte Regulierbarkeit durch die Änderung der Klemmenspannung, die lediglich Einfluss auf die Drehzahl hat.
Die größte technische Herausforderung bei der Konstruktion sowohl von DC- als auch AC-Motoren ist eine möglichst gute Kommutierung.

Die Kommutierung ist die permanent wiederkehrende Änderung der Stromrichtung in den Läuferspulen, die bei DC- und AC-Motoren gleichermaßen nötig ist.

Der ausgebaute Rotor gibt einen Blick frei auf die Statorspulen eines defekten Wechselstrommotors einer Lok der Baureihe 143. Foto: Frickel

Der ausgebaute Läufer eines BR 143-Motors inklusive Kommutator. Foto: Frickel

Man erkennt gut die mehrlagige Wicklung der Läuferspulen. Foto: Frickel

Eine schlechte Kommutierung führt zu starkem Verschleiß der Kommutatorkontakte und der zugehörigen Bürsten durch Funkenbildung (Bürstenfeuer).

Es gibt unterschiedliche Ursachen für eine schlechte Kommutierung: Der sich im Magnetfeld drehende Anker beziehungsweise dessen Spulen haben eine Rückwirkung auf das Erregerfeld. Die im Anker induzierten Ströme erzeugen Magnetfelder, die das Erregerfeld verzerren. Diese Ankerrückwirkung wird mit der Kompensationswicklung, die sich in speziellen Ständernuten befindet, ausgeglichen.

Bei der Kommutierung ändert der Strom in einem kurzen Zeitintervall seine Richtung, die Induktivität der beteiligten Spulen wirkt dieser Richtungsänderung aber entgegen und bewirkt, dass sich die Änderung verzögert. Deshalb sorgen Wendepole, zusätzliche in Reihe geschaltete Spulen, für eine schnellere Einstellung des gewünschten Magnetfeldes. Die Wendepole sitzen zwischen den Hauptpolwicklungen und heben dort auch die Ankerrückwirkung auf. Außerdem induzieren die Wendepole in der kommutierenden Läuferschleife eine Gegenspannung, die genau der Spannung entgegengerichtet ist, die entsteht, wenn der Kurzschlussstrom in der Läuferschleife beim Wechsel zur nächsten Kommutatorlamelle unterbrochen wird. Ohne Wendepolwicklung käme es am Kommutator ebenfalls zum Bürstenfeuer.

5.8.1.1 Der Gleichstrommotor

Der Ständer einer Gleichstrommaschine war früher meist nicht geblecht. Neuere Gleichstrommaschinen sind häufig geblecht. Im Stator befinden sich zunächst die Erregerwicklungen, mindestens zwei, aber in der Regel vier und mehr, für einen runderen Lauf des Motors. Daneben findet man immer Wendepol- und häufig auch Kompensationswicklungen.

5.8.1.2 Der Wechselstrommotor

Grundsätzlich ist der Aufbau eines Wechselstrommotors dem eines Gleichstrommotors sehr ähnlich. Ständer, Anker, Erreger-, Kompensations- und Wendepolwicklung kommen ebenfalls zum Einsatz.

Der Kommutator wird vom Bürstenhalterring umschlossen. Foto: Frickel

Trotzdem würde ein reiner Gleichstrommotor mit Wechselstrom betrieben nur sehr schlecht funktionieren. Beim Wechselstrommotor ändert das Erregerfeld mit der Frequenz des eingespeisten Stromes seine Richtung und induziert in den Läuferwicklungen die so genannte EMK der Transformation (EMK_T), ebenfalls eine Spannung. Diese ist frequenzabhängig und ihr Wert nimmt mit der Frequenz der Erregerspannung zu. Die EMK_T kann ähnlich der Stromwendespannung zu Bürstenfeuer führen, falls keine Gegenmaßnahmen ergriffen werden.

Die Frequenzabhängigkeit der EMK_T ist auch der Grund für die Sonder-Spannungsfrequenz vieler mitteleuropäischer Wechselstrombahnen. Als es vor rund 100 Jahren darum ging, sich für ein Bahnstromsystem zu entscheiden, stellte die verminderte Frequenz die einzige Möglichkeit dar, das ansonsten vorteilhafte Wechselstromsystem zu nutzen.

Die Verringerung der Frequenz reichte aber alleine noch nicht, um einen bahntauglichen Wechselstrommotor zu erhalten. Die immer noch entstehende EMK_T muss kompensiert werden durch eine gleich große Gegenspannung. Ein zusätzliches Problem ist, dass die EMK_T sich nicht in Phase mit dem Erregerfeld befindet, sondern diesem um 90° hinterhereilt. Das heißt, auch die Gegenspannung muss um denselben Betrag verschoben sein.

Die entscheidende Idee hatte der Schweizer Ingenieur Hans Behn-Eschenburg, der zur Wendepolwicklung einen Ohmschen Widerstand (Wendepolshunt) parallel schaltete. Ein Teil des Läuferstromes fließt nun durch die Wendepolwicklung, der andere Teil über den Widerstand. Dieser Shunt, vorausgesetzt er ist richtig dimensioniert, sorgt nun dafür, dass eine phasenverschobene Spannung induziert wird, die der EMK_T entgegen wirkt und trotzdem die Stromwendegegenspannung der Wendepolwicklung erzeugt wird.

Das funktioniert nur für eine bestimmte Drehzahl gut. Der Wendepolshunt wird deshalb für den

Die Fahrmotoren der DB-Einheitslokomotiven 110 und 140 (WB 372-22) stellen einen technologischen und zahlenmäßigen Höhepunkt in der Entwicklung der Reihenschluss-Wechselstrommotoren dar. Foto: Frickel

am häufigsten genutzten Motordrehzahlbereich ausgelegt.

Vor allem aber beim Anfahren der Lokomotive ist die Kompensation der EMK_T schlecht, so dass immer darauf zu achten ist, dass ihr absoluter Wert möglichst gering bleibt.

Weitere Möglichkeiten die EMK_T gering zu halten, sind kleine Windungszahlen auf der Ankerwicklung, um die Nennspannung gering zu halten. Weiter kann man den Hauptpolfluss niedrig halten, indem man die Größe der Pole klein hält, dafür aber die Polzahl erhöht. Wechselstrommotoren haben deshalb eine deutlich höhere Polzahl als vergleichbare Gleichstrommotoren.

Insgesamt ist der Wechselstrommotor größer, schwerer und komplizierter, der Unterhalt dementsprechend aufwendiger und teurer. Dennoch hat er sich in vielen Ländern bewährt und dort über Jahrzehnte den Bahnbetrieb dominiert.

5.8.1.3 Der Mischstrommotor

Der Einzug der Halbleiter-Leistungselektronik im Lokomotivbau sorgte auch für eine Neuorientierung im Motorenbau. Seit den 1960er-Jahren ist es auch unter einer Wechselstromfahrleitung vergleichsweise einfach möglich, mit Gleichstrom zu fahren. Allerdings ist der Gleichstrom, der auf der Lokomotive von elektrischen Ventilen wie Dioden und Thyristoren erzeugt wird, sehr speziell. Es handelt sich um welligen Gleichstrom, dem höherfrequente Wechselströme überlagert sind. Diese Wechselströme können durch Filter-Drosseln (Spulen) gedämpft werden und so den Einsatz konventioneller Gleichstrommotoren bis zum mittleren Leistungsbereich ermöglichen.

Besser ist es, den Drosseleinsatz klein zu halten und dafür einen eigens ausgelegten Motor zu nutzen, der die Welligkeit des Gleichstroms verträgt: der Mischstrommotor. Bei Mischstrommotoren war anfangs meist nicht der ganze Ständer geblecht, sondern nur der Bereich der Wendepole. Die Entwicklung führte aber zum vollgeblechten Ständer. Der Mischstrommotor ist ein Zwitter aus Gleich- und Wechsel-

Die Simplon-Drehstromlok Ce 4/6 erreicht 1914 mit einem Güterzug inklusive Messwagen Brig. Typisch für damalige Drehstromfahrzeuge ist der große Abstand der beiden Stromabnehmer-Schleifstücke. Foto: BBC

strommotor. Er ist ebenso geblecht wie das AC-Modell, hat aber deutlich weniger Pole und ist deshalb kleiner bei gleicher Leistungsfähigkeit. Der Mischstrommotor hat auch Vorteile gegenüber dem gewöhnlichen DC-Motor und wurde häufig auch im gewöhnlichen Gleichstrombetrieb eingesetzt.

5.8.2 Drehstrom-Fahrmotoren

Nahezu alle E-Loks, die in den letzten beiden Jahrzehnten das Reißbrett verließen, nutzen Drehstrom-Fahrmotoren. Es kommen dabei zwei Motortypen zum Einsatz, der Asynchron- und der Synchronmotor.

Allen Drehstrommotoren ist gleich, dass in den Statorwicklungen durch die drei Phasen des eingesetzten Drehstromes ein Drehfeld erzeugt wird. Früher wurden die drei Phasen über die Fahrleitung zugeführt, heutzutage wird der Drehstrom erst durch Wechselrichter, elektronische Halbleiter-Bauteile, auf der Lok erzeugt.

Die geringere Größe der Drehstrommotoren im Vergleich zu AC-/DC-Motoren macht es einfacher, die Motoren im Drehgestell unterzubringen. Der fehlende Kommutator macht den Motor unkom-

Drehstrom – die frühe Verlockung

Der Einsatz des Drehstroms lockte Ingenieure wegen seiner vielen Vorteile von Anfang an.

Für die Landesstromversorgung setzte sich Ende des 19. Jahrhunderts bald der Dreiphasen-Wechselstrom vor allem wegen der vorteilhaften, verlustarmen Übertragung über größere Distanzen durch. Gerade zu Beginn der Bahnelektrifizierung wäre es wünschenswert gewesen, auf das bestehende Stromnetz zurückgreifen zu können, um keine eigene Bahnstrominfrastruktur inklusive der Kraft- und Unterwerke sowie der Übertragungseinrichtungen aufbauen zu müssen.

Bereits im Jahr 1888 brachte M. Dolivo-Dobrowolski (1862 bis 1919) den Asynchronmotor mit Käfigläufer zur Serienreife. Gerade dieser Motor, der ohne Kommutator und Bürstenapparat auskommt, wäre bezüglich Robustheit und Wartungsfreundlichkeit ideal für den Schienenverkehr gewesen: Er ist wesentlich kleiner und leichter als ein in der Leistung vergleichbarer DC- oder AC-Kommutatormotor.

Schon früh wurden Strecken mit Dreiphasendrehstrom elektrifiziert (Burgdorf – Thun, CH, 1899; Marienfelde – Zossen, D, 1902). Auch die Simplontunnelstrecke in der Schweiz wurde zunächst mit Drehstrom elektrifiziert. Allerdings waren die Nachteile des Drehstromsystems größer als die Vorteile, so dass diese Antriebstechnik bis in die späten 1970er-Jahre kaum genutzt wurde.

Das in Italien vorhandene große 3.300-Volt/16 $^{2}/_{3}$ Hz-Drehstrom-Netz wurde sogar zurückgebaut und vom 3.000-Volt-Gleichstrom abgelöst.

Zwei Hauptschwierigkeiten verhinderten den Durchbruch des Drehstromantriebs: Die erste war die aufwendige mehrpolige Fahrleitung. Außerdem machten die Loks große Probleme bei der Steuerung. Die Frequenzabhängigkeit des Motorverhaltens erlaubte nur sehr wenige Dauer-Betriebszustände bei den frühen Drehstromloks. Das Drehmoment des Asynchronmotors zeigt zudem eine deutliche Nebenschlusscharakteristik, das heißt, es ist weitestgehend unabhängig von der Drehzahl und steigt vor allem mit dem Ankerstrom, was für den Bahnbetrieb kaum geeignet ist. Der simple Käfigläufermotor ist bei Speisung mit konstanter Frequenz unregelbar und hat nur einen einzigen Betriebspunkt.

Die anfangs dreipolige Fahrleitung wurde zwar bald durch eine zweipolige ersetzt, den dritten Pol bildeten die Schienen, allerdings waren bei Weichen immer noch lange isolierte Abschnitte und komplizierte Fahrleitungskonstruktionen erforderlich.

Drehstromloks erkannte man stets an den beiden gehobenen Stromabnehmern, deren Schleifstücke wegen der großen isolierten Bereiche an Weichen sehr weit auseinander standen.

plizierter und wartungsfreundlicher. Selbst Drehstrommotoren mit Schleifringen sind weniger empfindlich als Kommutatormotoren. Ein weiterer Vorteil ist die höhere Rotationsgeschwindigkeit der Drehfeldmotoren. Bei den Kommutatormaschinen lässt der Kollektor keine hohen Drehzahlen zu, während beim Käfigläufermotor die Rotationsgeschwindigkeit eigentlich nur von der Fliehkraft begrenzt wird. Höhere Drehzahlen bedeuten eine höhere Fahrmotorleistung bei geringerer Größe.

Auch im Verschiebedienst mit schweren Lasten und häufigen Anfahrten ist ein kommutatorloser Motor natürlich im Vorteil. Mit dem Käfigläufermotor könnte eine Lok gegen einen Prellbock drücken, ohne dass Schäden am Motor auftreten würden. Bei einem Kommutatormotor wäre das selbst für wenige Sekunden undenkbar.

Auch in der SNCF-Zweisystem-Baureihe BB 26 000 (»SYBIC« = SYnchrone-BICourante) kommen Synchronmotoren zum Einsatz. Die Sybics von Alstom können unter 25.000V/50Hz sowie unter 1,5kV-DC eingesetzt werden.

5.8.2.1 Der Synchronmotor

Der Synchronmotor spielt eine geringere Rolle unter den Drehstrommotoren für den Schienenverkehr. Allerdings kommt er immerhin in älteren französischen TGV-Zügen zum Einsatz.

Synchronmaschinen werden jedoch vorwiegend als Höchstleistungsgeneratoren in Kraftwerken eingesetzt.

Der Name Synchronmotor stammt von der mit der speisenden Spannungsfrequenz synchronen Rotationsgeschwindigkeit des Motors.

Der Rotor des Synchronmotors wird über Schleifringe mit Gleichstrom gespeist, während die Statorspulen am Dreiphasendrehstrom liegen und für das Drehfeld sorgen. Durch Veränderung der Speisefrequenz des Drehfeldes kann die Rotationsgeschwindigkeit des Motors variiert werden.

5.8.2.2 Der Asynchronmotor

Wesentlich verbreiteter im Lokomotivbau ist der Asynchronmotor. Es gibt Schätzungen, dass zwei Drittel aller elektrischen Maschinen insgesamt Asynchronmaschinen und vor allem -motoren sind. Der Asynchronmotor existiert in zwei Formen als so genannter Käfigläufer- und als Schleifringläufermotor. Wie der Name sagt, sind Läuferrotation und Speise- beziehungsweise Drehfeldfrequenz nicht synchron. Im Motorbetrieb ist die Rotationsgeschwindigkeit des Läufers etwas geringer als die Speisefrequenz. Diese Differenz von meist wenigen Prozent nennt man den Schlupf.

Der Stator des Asynchronmotors gleicht dem Stator des Synchronmotors. Durch Auswechseln der Rotoren sind die Motoren theoretisch tauschbar.

5.9 Die Steuerung der Spannung, die Regelung der Fahrdynamik

Alle Arten von Elektromotoren stellen sich bei einer festen Spannung und einer bestimmten Belastung auf eine charakteristische Drehzahl ein. Der Betrieb einer E-Lok verlangt jedoch unterschiedliche Geschwindigkeiten beziehungsweise Motordrehzahlen. Um dies zu erreichen, wird durch die Lokomotivsteuerung hauptsächlich die Spannung an den Motorklemmen verändert.
Bis in die frühen 1970er-Jahre wurden E-Lokomotiven mit so genannten Stufensteuerungen konstruiert. Mechanische oder elektromechanische beziehungsweise elektropneumatische Schaltwerke erlaubten eine feste Anzahl verschiedener Fahrstufen. Jede Fahrstufe entspricht einer bestimmten Motorspannung.
Der Wunsch, stufenlos zu steuern, wurde dank enormer Fortschritte in der Halbleitertechnik vor rund vier Jahrzehnten realisierbar.
Ein ebenso großer Wunsch der Ingenieure war der Ersatz des zwar zuverlässigen, aber wartungsintensiven Kommutator-Motors. Auch dabei halfen die Neuentwicklungen in der Halbleiterelektronik und ermöglichten der Drehstromantriebstechnik (DAT) ab den frühen 1970er-Jahren ein phänomenales Comeback.
Die moderne Leistungselektronik ermöglicht es, Lokomotiven unabhängig von der eingespeisten Fahrspannung (AC oder DC) zu machen. Mehrsystem-Lokomotiven sind heutzutage mit vergleichsweise geringem Aufwand zu realisieren.
Der Kommutator-Motor hat seit knapp zwei Jahrzehnten, nach rund 80 Jahren Dominanz bei Neuentwicklungen, ausgedient. Die Lebensdauer einer E-Lok beträgt jedoch vier und mehr Jahrzehnte, so dass Lokomotiven mit Kommutator-Motoren wohl noch einige Jahre im regulären Betrieb auf den Schienen unterwegs sein werden.

5.9.1 Die Stufensteuerung

5.9.1.1 Steuerung der Gleichstromtriebfahrzeuge

Auf den ersten Blick eine unkomplizierte Angelegenheit, sie erfordert lediglich die Erinnerung an die Ohmschen Gesetze: Dem Gleichstromfahrmotor wird ein regelbarer (Anfahr-)Widerstand vorgeschaltet und so kann durch den Spannungsabfall am Widerstand die Spannung am Fahrmotor variiert werden. Diese Form der Steuerung wird auch prinzipiell

In Belgien fahren die Lokomotiven unter 3.000 Volt Gleichstrom. Lok 2222, die gerade in der Werkstatt in Oostende steht, war noch mit konventioneller Widerstandssteuerung und Fahrmotorumgruppierung ausgestattet.

angewendet, hat aber einen gravierenden Nachteil: Sie ist energetisch und somit wirtschaftlich ineffizient, da an den Widerständen der Spannungsabfall auf Kosten ungenutzter Wärme entsteht.
Die Steuerung der Widerstandsstufen erfolgt über direkt betätigte Handschalter oder fernbetätigte Einzelschalter wie etwa Schütze. Wichtig ist, dass es beim Überschalten der einzelnen Widerstandsstufen (Fahrstufen), das möglichst schnell erfolgen muss, nicht zu Stromunterbrechungen kommt, was eine unmittelbare Zugkraftunterbrechung zur Folge hätte. Überschaltwiderstände und -drosseln verhindern dies.
Aus wirtschaftlichen Gründen werden Gleichstromfahrzeuge noch mit einem zweiten Steuerungssystem ausgestattet: Die Fahrmotoren werden umgruppiert und entweder in Reihe oder parallel geschaltet. Bei mehr als zwei Fahrmotoren besteht auch die Möglichkeit der Kombination aus Serien- und Parallelschaltung. Dadurch sind wirtschaftliche Dauerfahrstufen mit abgeschalteten Anfahrwiderständen möglich. Gerade bei 3kV-Bahnen (Italien, Belgien usw.) ist die Reihenschaltung mindestens zweier Motoren die Regel, da wirtschaftliche Gleichstrom-Fahrmotoren für Spannungen bis knapp 2.000 Volt gebaut werden, darüber ist der Isolationsaufwand zu hoch.
Zusätzlich zur Spannungssteuerung besteht noch die Möglichkeit, den Strom im Fahrmotor durch Feldschwächung, so genanntes Shuntieren, zu steuern und die Anzahl der Fahrstufen zu erhöhen. Dabei wird ein Ohmscher Widerstand parallel zur Hauptfeldwicklung geschaltet und so das magnetische Erregerfeld geschwächt. Das führt bei konstanter Spannung zu einer Drehzahlsteigerung und somit zu einer höheren Geschwindigkeit, außerdem nimmt das Drehmoment zu.

Das Schaltwerk einer Lok der Baureihe 143 wird im Werk Dessau einer Überholung unterzogen. Foto: Frickel

5.9.1.2 Steuerung der Wechselstromtriebfahrzeuge

Die Stufensteuerung bei Wechselstromfahrzeugen wird über Anzapfungen am Transformator mit unterschiedlichen Windungszahlen ermöglicht.
Vor dem Einzug der modernen DAT mit Leistungselektronik in den E-Lokomotivbau gab es zwei klassische Spannungs-Steuerungsmöglichkeiten, die Hoch- und die Niederspannungssteuerung. Befinden sich die Anzapfungen auf der Hochspannungsseite des Trafos, spricht man von der Hochspannungssteuerung. Umgekehrt heißt es Niederspannungssteuerung, wenn sich die Anzapfungen auf der Sekundärspulenseite befinden.
Eine möglichst große Anzahl von Anzapfungen beziehungsweise Fahrstufen ist wünschenswert, um eine feine Regulierung der Zugkraft und der Geschwindigkeit der Lok zu ermöglichen.
Wird bei einer Stufen-Steuerung auf eine höhere Fahrstufe aufgeschaltet, dann steigt die Spannung an den Fahrmotorklemmen. Der Motor nimmt einen dieser Spannung entsprechenden Strom auf und gibt ein bestimmtes Drehmoment ab. Beschleunigt die Lok nun, drehen die Fahrmotorläufer schneller und der Strom nimmt ab, weil

in den Läufern eine induzierte Gegenspannung entsteht. Beim Aufschalten steigt der Strom also zunächst an, um dann bei zunehmender Läuferrotation wieder abzunehmen. Für die Fahrdynamik der Lokomotive bedeutet das eine Zugkraftschwankung und diese ist umso stärker, je größer der Spannungssprung zwischen den einzelnen Fahrstufen ist. Diese Schwankungen sind nicht vernachlässigbar, gerade beim Anfahren oder in der Nähe der Reibungsgrenze können dadurch Radsätze zum Schleudern kommen. Je mehr Stufen, desto betriebssicherer ist die Steuerung. Dem steht jedoch ein steigender konstruktiver Aufwand beim Schaltwerksbau entgegen.

Auch bei Wechselstrom-Loks darf es beim Schalten der Fahrstufen nicht zu Stromunterbrechungen kommen, damit eine Zugkraftunterbrechung vermieden wird. Deshalb wird beim Fahrstufenwechsel zunächst die neue Fahrstufe zugeschaltet, bevor die alte abgeschaltet wird. Kurzfristig leiten zwei Anzapfungen den Strom. Die beiden Anzapfungen sind über eine Überschaltdrossel oder einen -widerstand mit Mittelpunktanschluss verbunden, da sonst Trafo-Wicklungen kurzgeschlossen würden.

Bei der Niederspannungssteuerung entspricht häufig die Sekundärwindungszahl der Anzahl der Fahrstufen. Der große Vorteil der Niederspannungssteuerung ist der unkomplizierte Aufbau. Allerdings sind die zu schaltenden Ströme mit bis zu mehreren 1.000 Ampère sehr hoch und erfordern ein massives und robustes Schaltwerk.

Bei Stundenleistungen von mehr als 2.500 kW erachtete die DB in den 1950er-Jahren eine Niederspannungssteuerung als nicht mehr wirtschaftlich.

Die niedrigeren Ströme und die Möglichkeit, mehr Fahrstufen zur Verfügung stellen zu können, verhalfen der Hochspannungssteuerung zum Durchbruch, auch wenn der Transformator insgesamt komplizierter ist und genau betrachtet aus zwei Transformatoren besteht.

An der Primärspule, die an der Fahrdrahtspannung liegt, sind zahlreiche Anzapfungen angebracht. Jede Anzapfung steht für eine bestimmte Spannung zwischen Null und der Fahrleitungsspannung. Mit der abgegriffenen Spannung wird nun

Gebräuchliche (Übertragungs-) Steuerungen:

1. Die Schützensteuerung (Hüpfer-Steuerung)
   Mit Schützensteuerung waren unter anderen die deutschen Baureihen E17, E52 und E91 ausgestattet. Der Nachteil der Schützensteuerung ist, dass alle Schaltelemente unter Belastung schalten.
2. Die Schlittensteuerung
   Die beiden bayerischen Konstruktionen E16 und E32 etwa verfügten über diese mechanische Steuerung, bei der zwei Kontaktfinger, die über einen Überschaltwiderstand verbunden sind, der gewährleistet, dass es beim Schalten zwischen zwei Fahrstufen nicht zu Zugkraftunterbrechungen oder dem Kurzschluss zweier Trafo-Anzapfungen kommt, schlittenförmig gleitend die einzelnen Transformatoranzapfungen schalten. Der Fahrstufenwechsel erfolgt zunächst leistungslos. Die Leistung wird von einem zusätzlichen Lastschalter geschaltet.
3. Nockenschaltwerk
   Das Nockenschaltwerk setzte sich bei der DRG in den 1930er-Jahren durch. Die Baureihen E04, 18, 19, 44 und 94 verfügten unter anderen über diese Form der Niederspannungssteuerung. E, ein Nockenschalter, besteht aus einem beweglichen und einem feststehenden Kontakt. Auf der Nockenwelle befinden sich für jede Trafoanzapfung eine Einschalt- und eine Ausschaltnockenscheibe. Nockenschalter sind träger als Schütze und müssen entweder leistungslos geschaltet werden oder mit Lichtbogenlöscheinrichtungen ausgestattet sein. Die Nockenwelle wird entweder von Hand oder von einem Hilfsmotor angetrieben. Zahlreiche DRG-Loks mit Nockenschaltwerk hatten noch einen zusätzlichen Feinregler bestehend aus einem Spannungsteiler und einem feststehenden Kommutator mit drehbaren Bürsten. Mit dem Feinregler kann die von den Nocken grobstufig gerasterte Spannung noch sensibler reguliert werden. ▸

Die DB-Einheits-Baureihe E 41 war die letzte Bundesbahn-E-Lok, die mit einer Niederspannungs-Steuerung geliefert wurde. Wegen des deutlich hörbaren Schaltwerks erhielt die Baureihe den Spitznamen »Knallfrosch«. 141 009 erreicht gerade den Münchner Hauptbahnhof.

Foto: Lürs, Slg. Alkofer

der zweite Trafo, der Übersetzungstransformator, gespeist, der ohne Anzapfungen mit einem festen Übersetzungsverhältnis als Leistungstransformator arbeitet.

Für die Schaltung der Fahrstufen wurden im Lauf der Zeit verschiedene Schaltwerke entwickelt. Bei kleineren Schaltleistungen war die Steuerung auch unmittelbar, bei größeren Leistungen empfiehlt sich jedoch eine mittelbare Übertragungssteuerung: Ein zentrales Schaltwerk in der Lok wird mittelbar von den Fahrschaltern auf den Führerständen ferngesteuert. Dies kann mechanisch mit Hebeln, Ketten und Zahnrädern oder elektromagnetisch beziehungsweise elektropneumatisch oder elektrisch mittels eines Stellmotors erfolgen.

Derartige so genannte Übertragungssteuerungen ermöglichten es erst, Lokomotiven in Doppeltraktion von einem Führerstand aus zu steuern.

Die Steuerbefehle des Lokführers müssen an der richtigen Stelle verarbeitet werden. Häufig ist die Befehl- und Auswertungskette eine Kombination. Eine elektropneumatische Steuerung etwa gibt elektrische Befehle und die Auswertung erfolgt pneumatisch. Am besten ist es, Steuerbefehle elektrisch zu übertragen. Das Leitungssystem ist robust, platzsparend und ermöglicht über Steuerkabel relativ einfach, Befehle auch von einem Triebfahrzeug auf ein anderes zu übertragen.

Der wichtigste Regler für den Triebfahrzeugführer ist der Fahrschalter, mit dem er die Fahrstufen bzw. die Geschwindigkeit wählt. Bei vielen heutzutage noch verkehrenden Lokomotiven werden Steuerbefehle und Überwachungssignale analog übertragen. Die erforderlichen Bauteile sind elektrische Schalter, Relais oder Schütze. Zur Überwachung dienen so genannte Wächter.

Man unterscheidet Antriebs- und Brems-Übertragungssteuerungen nach nicht-selbsttätig, teilselbsttätig und selbsttätig. Bei nichtselbsttätigen Steuerungen ist der Lokführer für die Einstellung und Kontrolle der Soll- und Istwerte zuständig. Bei teilselbsttätigen Konstruktionen wie der Nachlauf- oder der Auf-Ab-Steuerung gibt der Triebfahrzeugführer einen Sollwert, etwa eine Fahrstufe, vor und die Steuerung regelt diese selbsttätig ein. Eine teilselbsttätige Steuerung nimmt dem Lokführer jedoch nicht die Beobachtung und Regelung der Geschwindigkeit ab. Dies macht eine selbsttätige Steuerung, bei der ein Lokführer meist eine Geschwindigkeit als bestimmenden Sollwert vorgibt und die Steuerung übernimmt die Zug- und Bremskraftsteuerung. Der Lokführer überwacht lediglich die korrekte Arbeit aller Geräte.

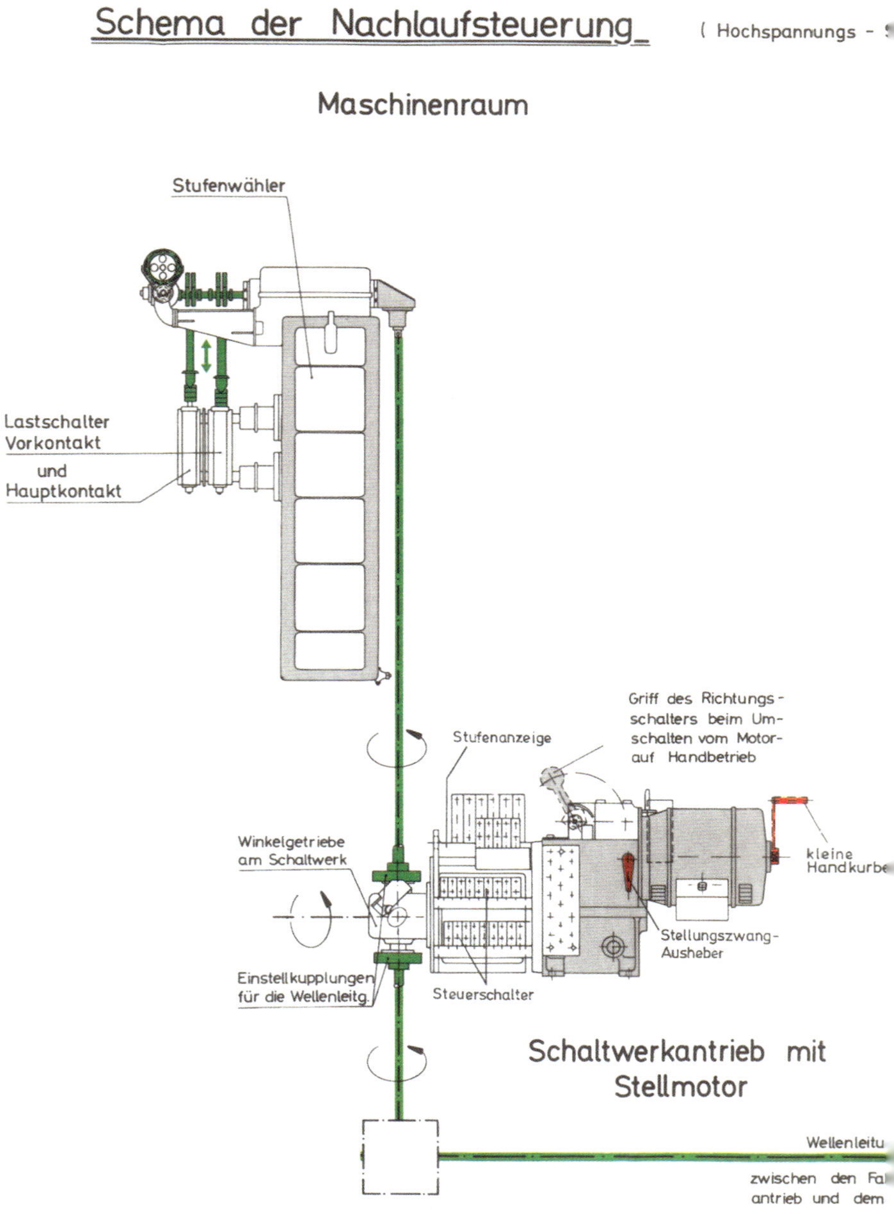

Die Zeichnung der Nachlaufsteuerung der DB-Einheitsloks zeigt, dass es sich dabei um ein kompliziertes mechanisches Bauteil handelt, das jedoch absolut zuverlässig arbeiten muss.

4. Nachlaufsteuerung
   Bei dieser Steuerung stellt der Lokführer eine bestimmte Fahrstufe ein und das Nachlaufsteuergerät schaltet selbsttätig in einer bestimmten Zeit auf die gewählte Fahrstufe. Der Lokführer kann bei der Wahl ohne Probleme mehrere Fahrstufen schnell überspringen, das Nachlaufsteuergerät bestimmt die Schaltgeschwindigkeit.
5. »Auf«- und »Ab«-Steuerung
   Bei dieser Impulssteuerung bedient der Lokführer nur mehr einen Hebel und je nachdem, wie lange er ihn nach vorne drückt oder nach hinten zieht,

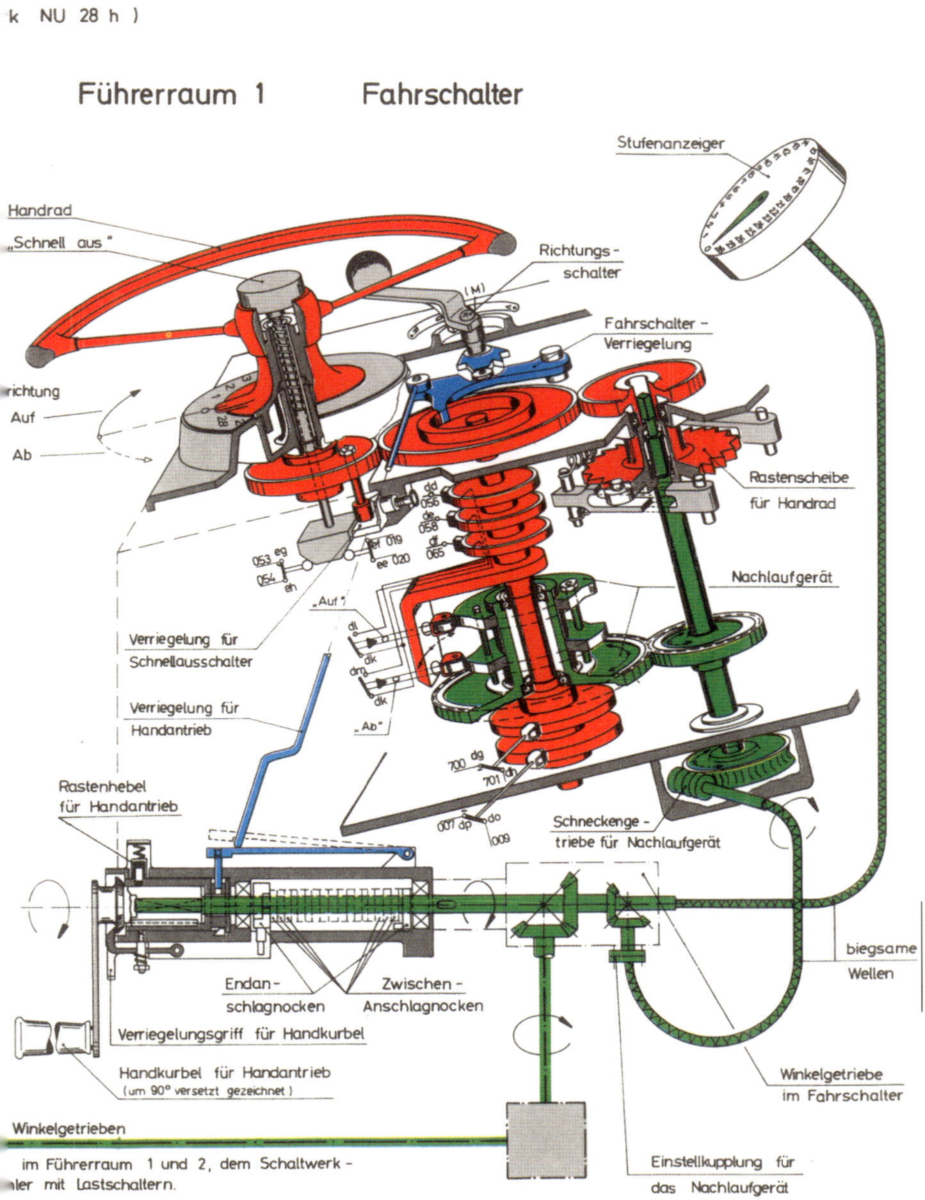

wird eine bestimmte Anzahl von Fahrstufen auf- oder abgeschaltet.

6. Automatische Fahr- und Bremssteuerung (AFB) Die Steuerung von modernen Lokomotiven hat sich längst von den früheren elektromechanischen und -pneumatischen Steuerungsmethoden verabschiedet. Heute übernimmt der Computer die Steuerung der Fahrmotoren. Bei der AFB wählt der Lokführer eine Geschwindigkeit vor und die Lok regelt sich elektronisch selbsttätig auf die Geschwindigkeit ein.

Im Jahr 1899 wurde zwischen Burgdorf und Thun die erste drehstromgespeiste Vollbahn Europas in Betrieb genommen. Lok 3 der privaten Burgdorf-Thun-Bahn (BTB) wartet im Jahr 1911 auf neue Aufgaben. Foto: BBC

5.9.1.3 Steuerung der Drehstrommotoren

Um überhaupt mehrere Arbeitspunkte bei einer konstanten Drehstromfrequenz zu haben, waren spezielle Schaltungen nötig: Es wurden Motoren entwickelt, bei denen die Anzahl der Polpaare variabel ist. Außerdem wurden bei Drehstromlokomotiven stets mindestens zwei Motoren eingebaut. So konnte eine Kaskadenschaltung genutzt werden, bei der die Statorwicklung des zweiten Motors von den Schleifringen des ersten gespeist wird. Dadurch halbiert sich die Drehzahl bei vollem Drehmoment.

Mit diesen Schaltungskniffen gelang es, etwa vier Dauerfahrstufen/-geschwindigkeiten zu ermöglichen. Vor allem zum Anfahren waren große variable Widerstände nötig, meist Wasserwiderstände, bei denen große Metallplatten motorisch in Kessel mit Sodalösung ein- und ausgefahren werden. Die entstehende Wärme ließ einen Teil des Wassers verdampfen. So sah man in Norditalien bis zur Umstellung auf Gleichstrom dampfende E-Loks, die zur Verwunderung mancher Beobachter von Zeit zu Zeit am Wasserkran anhielten!

5.9.1.4 Moderne stufenlose Halbleitersteuerungen (Stromrichtersteuerungen)

Seit in den 1960er-Jahren Halbleiterbauelemente wie Dioden und Thyristoren zur Verfügung standen, boten sich im Lokomotivbau neue Möglichkeiten der Spannungssteuerung.

Halbleiter

Unsere heutige Welt ist ohne Halbleiterbauteile nicht mehr vorstellbar. Der erste Meilenstein war die Erfindung des Transistors im Jahr 1947/48. Dafür erhielten die drei Physiker William Bradford Shockley (1910 bis 1989), John Bardeen (1908 bis 1991), Walter Houser Brattain (1902 bis 1987) im Jahr 1956 den Physik-Nobelpreis.

Der Siegeszug des Computers in den vergangenen drei Jahrzehnten wäre ohne die Erkenntnisse in der Halbleitertechnik und die Erfindung der integrierten Schaltungen (IC) nicht denkbar gewesen.

Halbleiter sind Zwitter. Unter bestimmten Bedingungen sind sie beinahe leitend wie Metalle oder sie verhalten sich nahezu wie Isolatoren. Das wesentliche Merkmal aller Halbleiter ist die Steuerbarkeit der Leitungseigenschaften durch Störungen im Kristallaufbau oder durch Energiezufuhr in Form von Licht beziehungsweise einer Temperaturerhöhung oder elektrische beziehungsweise magnetische Felder. Die bekanntesten Halbleiterelemente sind Silizium, Germanium, Selen und Tellur, aber auch zahlreiche Verbindungen wie etwa Galliumarsenid (GaAs) oder Zinksulfid (ZnS) zeigen Halbleitereigenschaften.

Während die Leitfähigkeit von Metallen mit steigender Temperatur abnimmt, steigt sie bei Halbleitern.

Man unterscheidet reine und gestörte Halbleiter. Bei reinen Halbleitern werden Elektronen, die nicht leitfähig sind, vereinfacht beschrieben, durch thermische (Wärme) oder optische (Licht) Energiezufuhr auf ein energetisch höheres Niveau angehoben, in dem sie leitfähig sind. Eine Leitungsform, bei der Elektronen wandern, nennt man auch n-Leitung.

Gestörte Halbleiter sind geringfügig verunreinigte Kristalle. Ein bekanntes Halbleiterelement ist Germanium aus der vierten Hauptgruppe des Periodensystems (PSE), das über vier so genannte Valenzelektronen verfügt, die fest eingebunden im Kristallgitter sind. Man kann einen Germanium-Kristall gezielt mit wenigen Arsen-Atomen (V. Hauptgruppe des PSE) verunreinigen (Dotieren), die über fünf Valenzelektronen verfügen. Die Arsen-Atome nehmen im Kristallgitter den Platz von Germanium-Atomen ein und stellen vier Elektronen zur Kristallbindung zur Verfügung. Das nicht benötigte, fünfte Elektron kann leicht abgespalten werden und der Stromleitung dienen. Gebende Atome wie Arsen sind so genannte Donatoren. Ein derartiger Halbleiter ist ein n-Leiter.

Es gibt auch den umgekehrten Fall, man dotiert das Germanium mit einem Fremdatom wie Gallium (III. Hauptgruppe des PSE), das nur drei Valenzelektronen besitzt. Im Kristallverband gibt es jetzt Elektronenlücken, in die Elektronen benachbarter Atome springen. Die Stromleitung entsteht durch das Wandern der Lücke, man spricht von p-Leitung. Gallium ist ein so genannter Akzeptor.

Abgesehen von den nur temperatursensiblen Heißleitern und den Photowiderständen, sind alle Halbleiterbauelemente Kombinationen aus p- und n-Leitern. Ausschlaggebend für die Eigenschaften eines Halbleiters ist der Grenzbereich zwischen p- und n-leitendem Material: Das einfachste Bauteil ist die Diode mit einem p-/n-Übergang, das heißt einer p-n-Grenzschicht. Bringt man in der Diode einen p- und n-Halbleiter zusammen, wandern Elektronen unmittelbar vom n-leitenden Gebiet, wo Elektronenüberschuss herrscht, ins p-Gebiet, wo Elektronenmangel besteht. Dort entsteht in Grenzschichtnähe ein negativer Ladungsüberschuss, der eine weitere Ladungs-Zuwanderung verhindert und umgekehrt im n-Gebiet ein positiver. An der unmittelbaren Grenze der beiden Schichten entsteht durch Rekombination eine mit Ladungsträgern verarmte Zone, der Widerstand dort steigt.

Wird nun eine Spannung an der Diode angelegt, ist es entscheidend, auf welcher Seite der Plus- und der Minus-Pol liegen. Liegt Minus an der n-Seite, so werden dort Elektronen nachgeliefert, die in die verarmte Zone drängen und weitere Elektronen ins p-Gebiet drücken. Es fließt Strom, der Halbleiter wird leitfähig. Bei umgekehrten Spannungsverhältnissen wächst die verarmte Zone, der Widerstand an der Grenzschicht steigt, das Material wird immer mehr zum Isolator. Eine Diode lässt Strom nur in eine Richtung fließen. Legt man nun eine Wechselspannung an die Diode, so kann nur ein Spannungsast passieren, die Diode arbeitet als Gleichrichter. ▶

Komplizierter ist der so genannte Thyristor, ein steuerbarer Silizium-Gleichrichter. Beim Thyristor sind drei p- beziehungsweise n-Schichten hintereinander geschaltet. Mit einem sehr, sehr kurzen Zünd-Spannungsimpuls kann der Thyristor leitfähig geschaltet werden und das zu jedem gewünschten Zeitpunkt. Der Thyristor bleibt leitfähig, bis er von einem Löschimpuls gelöscht wird. Bei Wechselstrom genügt dessen Nulldurchgang zur Löschung.
Der wählbare Zündzeitpunkt ist das entscheidende Kriterium. Je nach Phasenlage lässt sich die Dauer des Stromflusses steuern und somit kann durch die Wahl des Zündzeitpunktes der Mittelwert des Gesamtstromes geregelt werden. Der Thyristor brachte grundlegende Veränderungen in der Steuerungstechnik von E-Loks. Jetzt waren stufenlose Steuerungen realisierbar. Weiterentwicklungen wie die »gate-turn-off«-(GTO)-Thyristoren brachten durch die zusätzliche integrierte Abschaltmöglichkeit mehr Konstruktionsfreiheit. Heutzutage kommen spezielle IGB-(»Insulated-Gate-Bipolar«)-Transistoren zum Einsatz.

5.9.1.4.1 Kommutatortriebfahrzeuge

Der Thyristor ermöglichte nun auch bei Gleichstromfahrzeugen eine Verbesserung der Steuerung. Beim Gleichstromsteller (Chopper) wird durch periodisches Ein- und Ausschalten mittels Thyristoren der Mittelwert der Ausgangsspannung eingestellt. Man nennt dies Pulsweitenmodulationsverfahren. Je nach dem Zeitpunkt des Einschaltens, genauer je nach Verhältnis von stromführender Periode zu gesperrter Periode, kann die Fahrmotorspannung stufenlos variiert werden.
Es besteht auch die Möglichkeit, bei der Frequenzsteuerung (bei feststehender Pulsbreite) die Schaltfrequenz zu variieren.

Die E633 023 von Trenitalia ist am Brenner angekommen. Die 105 Tonnen schwere Baureihe, die zwischen 1982 und 1989 abgeliefert wurde, ist mit einer Chopper-Steuerung ausgestattet. Foto: Kiebler

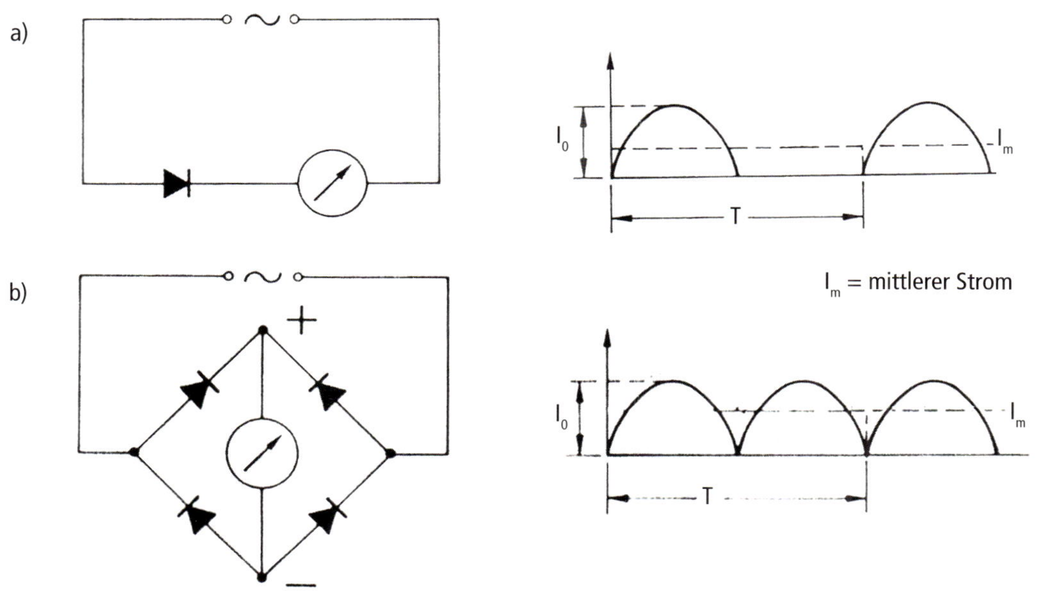

Die Einweg-Gleichrichtung mit einer einzigen Diode schneidet lediglich den negativen Stromast ab und zeigt folgenden zeitlichen Stromverlauf (a). Eine Brücken-Gleichrichterschaltung (b) ist hingegen in der Lage, den negativen Ast nicht nur abzuschneiden, sondern die negativen Stromanteile ins Positive umzukehren.

Ein zweiter Löschthyristor bestimmt die Dauer des Stromflusses.
Der Chopper übernimmt somit eine vergleichbare Aufgabe wie der Transformator bei Wechselstromlokomotiven.
Ein Chopper in dieser einfachen Form funktioniert nur bei Akku-Lokomotiven. Die Speisenetzinduktivität erlaubt keine impulsartige Stromentnahme. Deshalb muss zwischen Fahrleitung und Gleichstromsteller ein Speicherglied in Form eines hinreichend großen Kondensators installiert sein.
Auch bei den Wechselstromtriebfahrzeugen ermöglichte erst die Verwendung des Thyristors die wirtschaftliche, stufenlose Steuerung der Fahrmotorspannung.
Zuvor wurde der Thyristor schon bei Stufensteuerungen, etwa bei der Baureihe 103 als berührungsloser Lastschalter, genutzt. Da konventionelle Lastschalter bei bis zu zehn Schaltvorgängen pro gefahrenem Kilometer unter erheblichem Verschleiß leiden, bedeuteten die neuen Halbleiter-Lastschalter eine deutliche Verbesserung der Wartungsfreundlichkeit.
Vor der Verwendung des Thyristors nutzten Ingenieure bereits die Diode als Gleichrichter. Die Wechselspannung der

Zu einem guten Ruf weit über die Landesgrenzen brachte es die schwedische Baureihe Rc von ASEA, die immer wieder als erste thyristorgesteuerte Wechselstromlokomotive gefeiert wird. Die Thyristor-Gleichrichter dienten zur Fremderregung der Statorwicklungen der vier Fahrmotoren. Das ermöglichte deren sensible individuelle Steuerung. Ein Schaltwerk im herkömmlichen Sinn war auf der Rc, die auch ein großer Exporterfolg wurde, nicht mehr vorhanden. Die ÖBB kauften den Typ und reihten ihn als 1043 ein. In Norwegen hieß die Lok El 16, in Jugoslawien lief sie als Baureihe 441, die rumänische CFR baute sechsachsige Varianten als 060 EA. Die schwedische Staatsbahn kaufte insgesamt 366 Rc. Ein besonderer Prestigeerfolg war der Export in die USA. Gemeinsam mit GM baute ASEA 98 Stück für die amerikanische Bahngesellschaft Amtrak. ▶

Die Endmontage der in den USA als AEM-7 bezeichneten Loks, die für den Einsatz zwischen New York und Washington vorgesehen waren, erfolgte in den berühmten EMD-Hallen in La Grange, Ill. Nummer 900 war die erste gebaute Lok. Foto: Amtrak, Slg. Alkofer

In Schwarzach-St. Veit macht 1043.009 am 21. August 1995 gerade eine Pause. Die ÖBB verkauften die Loks vor wenigen Jahren zurück nach Schweden. Die neuen Taurus-Loks machten die Splittergattung, die nur in zehn Exemplaren beschafft wurde, überflüssig. Foto: Lürs, Slg. Alkofer

Die Rc 1334 der schwedischen Staatsbahn SJ hält sommerliche Nachtruhe in Kiruna nördlich des Polarkreises.

Fahrleitung wurde auf der Lok mit Dioden in einen welligen Gleichstrom, dessen Welligkeit mit Drosseln gemindert wurde, umgewandelt und geeigneten Gleich- oder Mischstrommotoren, bei denen ein parallel liegender Widerstand den welligen Anteil aufnimmt, zugeführt. Bekanntes Beispiel einer der ersten Lokomotiven in dieser Bauform sind die Re 4/4 der Lötschbergbahn (BLS) aus dem Jahr 1964.
Die Option eines steuerbaren Halbleiters in Form des Thyristors sorgte allerdings für eine nur kurze Episode der »Dioden-Lokomotiven«.
Die Steuerung der Wechselstromtriebfahrzeuge mit Thyristoren erfolgt über die so genannte Phasenanschnittsteuerung.
Die einfachste Form der Phasenanschnittsteuerung funktioniert mit zwei antiparallelen Thyristoren. Das Ergebnis wäre ein dem Chopper ähnlicher Wechselstromsteller, der gesteuerte Strom bliebe jedoch ein Wechselstrom. Zwei zusätzliche Dioden sorgen zusätzlich noch für Gleichrichtung. Es entsteht ein (welliger) Gleichstrom. Die Gleichrichtung ist nötig, um die einfacheren Gleichstrom- oder Mischstrommotoren verwenden zu können.
Der so genannte Phasenwinkel α, der den Zündzeitpunkt des Anschnitts bestimmt, steuert indirekt die Spannung, die die Fahrmotorklemmen erreicht. Problematisch ist, dass dabei Oberschwingungen entstehen, die das speisende Stromnetz belasten.
Eine der Standardschaltungen, die auch für eine reduzierte Oberschwingungsbelastung sorgt, ist die halbgesteuerte

Oberschwingung/Oberwellen: Jede periodische Funktion lässt sich als eine Summe (Reihe) verschiedener Sinus- beziehungsweise Kosinusfunktionen darstellen. Bei der Phasenanschnittsteuerung entsteht eine periodische Schwingung, die nicht sinusförmig ist und deshalb von zusätzlichen sinusförmigen Schwingungen überlagert ist. Diese höherfrequenten Schwingungen nennt man Oberschwingungen. Sie können das Netz belasten und für Störungen an Fernmelde- und Signaleinrichtungen sorgen.

asymmetrische Brückenschaltung, die mit zwei Thyristoren und zwei Dioden arbeitet. Die Kommutierung dieser Schaltung übernimmt das speisende Netz und belastet es gleichzeitig mit Kommutierungsblindleistung. Wenn nicht das Netz die Kommutierung übernehmen muss, sondern eine spezielle Löschschaltung diese Aufgabe übernimmt, kann die Netzbelastung vermindert werden.

Die halbgesteuerte Brücke eignet sich nicht zum Wechselrichterbetrieb (Bremsbetrieb), dies kann erst die vollgesteuerte Brücke, bei der beide Dioden durch Thyristoren ersetzt sind. Weiterentwickelte Schaltungen setzen mehrere Brückenschaltungen in Form von Folgeschaltungen hintereinander ein. Diese Hintereinanderschaltung der Brücken dient vor allem zur Reduktion der netzbelastenden Oberwellen. Bekannt ist unter anderen die »Zweigpaar-halbgesteuerte Zweipuls-Brückenschaltung in Folgesteuerung«.

1044.201 legt sich am 2. Januar 1993 bei Saalfelden in die Kurve.
Foto: Lürs, Slg. Alkofer

Zu den letzten Neu-Entwicklungen von E-Loks mit Kommutatorfahrmotoren, aber bereits mit Halbleiter-Steuerung, gehören die Reihe 1044 der ÖBB und die 212/243 der DR mit ihrer kombinierten Amplituden-/Anschnittsteuerung.

Die Vorteile der Anschnittsteuerung liegen in der stufenlosen Zugkraftsteuerung. Außerdem kann die Zugkraft der Radsatzlast (Achsentlastung!) angepasst werden, falls je Fahrmotor ein eigener Steller installiert ist. Die Zugsteuerung ist einfacher zu automatisieren, da nur kleine Steuerströme dafür nötig sind und nicht zuletzt sind die Fahrzeuge wartungsfreundlicher, da die Schaltung größtenteils verschleißlos ist. In Kauf genommen werden müssen allerdings eine stärkere Blindstrombelastung des Speisenetzes sowie eventuelle Störungen von Fernmelde- und Signaleinrichtungen durch Oberwellen.

5.9.4.2 Drehstromtriebfahrzeuge

Die potenziellen Vorteile des Drehstromantriebs waren früh bekannt. Der Einsatz des Drehstrommotors auf elektrischen Triebfahrzeugen konnte sich aber nur durchsetzen, wenn es gelänge, den Drehstrom auf einfache Weise auf dem Triebfahrzeug zu erzeugen und dort die Spannung und vor allem die Frequenz variieren zu können.

Ein erster bedeutender Pionier der Umformertechnik war der ungarische Elektroingenieur Kálmán Kandó (1869 bis 1931). Sein Ziel war es, das 50Hz-Landesstromnetz anzuzapfen und der Eisenbahn zur Verfügung zu stellen. Er konstruierte die ersten Phasenumformerlokomotiven für die ungarische Staatsbahn. Die Loks besaßen einen sehr großen Drehstrom-Schleifringläufermotor (Gewicht 18,5 Tonnen!), der mit derselben Drehzahl wie die Treibradsätze rotierte und das Drehmoment über Kurbeln und Blindwellen über-

Am 10. November 1991 treffen sich im Erfurter Hbf 143 010, die schon für den DB-Einsatz umgezeichnet ist, und die noch unter Reichsbahn-Nummer fahrende 243 253. Foto: Emersleben

trug. Der Motor erlaubte in dieser Auslegung vier Dauergeschwindigkeiten. Der Phasenumformer war selbst eine Synchronmaschine, sie wurde direkt vom 16kV-Fahrdraht gespeist und lieferte eine deutlich reduzierte, dreiphasige Spannung zwischen 850 und 1.300 Volt.

Auch die DRG experimentierte bei ihren 50Hz-Versuchen auf der Höllentalbahn im Schwarzwald mit einer Phasenumformerlok, der E 244 31.

Als sich Frankreich nach dem Zweiten Weltkrieg entschloss, seinen Nordosten (Lothringen) mit der Landesfrequenz zu elektrifizieren, forderten die dortigen Verhältnisse (schwere Erz- und Kohlen-Züge, Rampen, keine hohen Geschwindigkeiten) E-Loks mit großer Zugkraft, die schwere Anfahrten problemlos absolvieren konnten – ein optimales Betätigungsfeld für den Drehstromkäfigläufermotor.

Die SNCF beschaffte unter anderen 20 sechsachsige Loks der Reihe CC 14 000, in denen die Fahrdrahtspannung (25kV) zunächst von einem Trafo auf 1.100 Volt herabgespannt und dann von einem komplizierten Umformersystem in eine dreiphasige Spannung mit variabler Höhe und vor allem veränderlicher Frequenz umgewandelt wurde.

Trotz der guten Betriebserfahrungen mit den CC 14 000 stand dieser Baureihe und allen weiteren Umformerlokomotiven immer der komplizierte Aufbau und der relativ niedrige Wirkungsgrad im Weg, und so konnte sich diese E-Lok-Technologie zunächst nicht durchsetzen.

Der Weg, den die Ingenieure eingeschlagen hatten, war jedoch richtig. Und als endlich leistungsfähige Thyristoren zur Verfügung standen, mussten »nur« noch die erforderlichen Schaltungen entwickelt werden.

Mit der Umrichtertechnik kam es noch zu einem zweiten bedeutenden Paradigmenwechsel im E-Lokbau, es begann die Zeit der Baukastenloks, die eine Zuspitzung aller Ver-

Anfang der 1970er-Jahre begann der endgültige Siegeszug der Drehstromantriebstechnik. In Deutschland war es die dieselelektrische Baureihe DE 2500 (DB-Baureihe 202) von Henschel und BBC, die dieser Technologie, die inzwischen den Standard bei allen E-Loks darstellt, den Weg bereitete.
Der Generator der drei Prototyp-Loks war eine Synchronmaschine. Der von ihr erzeugte Strom wurde zunächst gleichgerichtet und speiste einen Gleichstromzwischenkreis, der von Kondensatoren hoher Kapazität gestützt wurde. Vier Wechselrichtergruppen formten aus dem Gleichstrom den für die Asynchronfahrmotoren nötigen Drehstrom mit variabler Frequenz. Dieses Grundkonzept wird bis heute angewendet.
Den BBC-Ingenieuren war zwar mit der DE 2500 ein großer Wurf gelungen, jedoch kam es wegen mangelnden Bedarfs nicht zur Serienfertigung. Beim Erscheinen der neuen Type lief das Beschaffungsprogramm der DB für die in der Leistung vergleichbare dieselhydraulische Baureihe 218 noch auf Hochtouren.

Im Berliner Museum für Verkehr und Technik ist heute eine der drei gebauten DE 2500 ausgestellt.

einheitlichungsprogramme darstellt. Die neue Technik ermöglichte auf vergleichsweise einfache und kompakte Art Mehrsystemlokomotiven für alle gängigen Bahnstromssysteme anzubieten.
Die Stromführung zeitgenössischer Drehstrom-E-Loks ist dreigeteilt:
1. Ein netzseitiger Teil, der vom Landesstromsystem abhängig ist.
2. Daran schließt sich stets der so genannte Zwischenkreis an. Der Zwischenkreis dient als Energiespeicher. Basiert er auf einem geladenen Kondensator, spricht man vom spannungsgeführten Zwischenkreis. Beim stromgeführten Zwischenkreis ist eine Drosselspule an der Energiespeicherung beteiligt. Die Gleichspannung des Zwischenkreises liegt in der Regel zwischen 1.100 und 2.800 Volt.
3. Motorseitig arbeitet ein Wechselrichter, der aus der Gleichspannung des Zwischenkreises den nötigen Drehstrom erzeugt. Im Falle des spannungsgeführten Zwischenkreises wird durch Ein- und Ausschalten der Stromventile (Thyristor/GTO/IGBT) ein Drehstrom entsprechend der Frequenz und Spannung durch passende Spannungsblöcke erzeugt. Es handelt sich heutzutage meist um einen Pulswechselrichter (PWR).
Beim stromgeführten Zwischenkreis führt der Wechselrichter den Gleichstrom im Rhythmus der erforderlichen Frequenz in Stromblöcken den drei (Erreger-) Phasenwicklungen des Drehstrommotors zu. Diese Form heißt Phasenfolgewechselrichter.
Die speisende Stromart steht nicht mehr im Vordergrund. Der netzseitige Teil muss lediglich permanent den Zwischenkreis speisen. Bei einer Gleichstromfahrleitung fällt der netzseitige Teil unkompliziert aus, der Stromrichter zur Gleichrichtung entfällt. Es wird unter Umständen lediglich ein Gleichstromsteller (Chopper) benötigt.
Der Wechselrichter, der sich an den spannungsgeführten Gleichspannungszwischenkreis an-

schließt, schaltet anfangs mit schnellen Ventilen (Thyristor, GTO, IGBT) im erforderlichen Rhythmus den Strom auf die Motorwicklungen. Bei dieser Grundfrequenztaktung werden etwa rechteckförmige Wechselstrompakete in unterschiedlicher Frequenz auf die Drehfeldwicklungen aufgeprägt.

Diese Frequenz bestimmt die Drehzahl des Motors. Bei der einfachen Grundfrequenztaktung werden Form und Höhe der Ausgangsspannung nicht variiert.

Eine deutliche Erhöhung der Taktfrequenz im Unterschwingungsverfahren verbessert das Oberwellenverhalten. Innerhalb einer Halbperiode der Grundfrequenz werden durch vielmaliges Ein- und Ausschalten Spannungsblöcke unterschiedlicher Länge und teils entgegengesetzter Polarität erzeugt. So kann eine gewünschte Sinuswelle mit erforderlicher Amplitude und Frequenz als Unterschwingung nachgebildet werden.

5.9.4.3 Der Vierquadrantensteller (4q-S)

Das große Problem der Umrichter-/Wechselrichterloks waren anfangs die entstehenden Oberschwingungen und netzbelastende Blindleistungen. Die ersten Versuche mit Drehstromantriebstechnik verwendeten konventionelle Gleichrichtungs-Schaltungen wie etwa die zweigpaar-halbgesteuerte Brücke, die dem Einphasenwechselstromnetz den Strom in Blöcken entnimmt. Das produziert Oberwellen, die Blindleistung verursachen, selbst dann, wenn Netzstrom und -spannung in Phase sind.

Der Phasenanschnitt zur Spannungssteuerung sorgte für einen Leistungsfaktor, der deutlich kleiner als 1 ist.

Eine bahnbrechende von BBC in Mannheim entwickelte Schaltung war in der Lage, diese Problematik zu lösen: Der Vierquadrantensteller (4q-S) arbeitet nicht nur als pulsender Eingangsgleichrichter, sondern kann als gesteuerter Wechselrichter Bremsenergie wieder ins Netz zurückspeisen.

Von außen unscheinbar, präsentiert sich ein aktuelles, hochmodernes IGBT-Wechselrichterelement von Bombardier.

Da die Leistung des einphasigen Netzes (Produkt aus Strom und Spannung) mit der doppelten Netzfrequenz ($33^1/_3$Hz) schwingt, der Drehstrommotor aber eine nicht pulsierende Leistung bezieht, ist ein Zwischenspeicher in Form eines Stützkondensators nötig, zusätzlich verfügt der 4q-S noch über einen Saugkreis, gebildet von einer Induktivität (Spule) und einer Kapazität, der genau auf diese doppelte Netzfrequenz abgestimmt ist. Die pulsierende Netzleistung wird nun zerlegt in einen konstanten Anteil, der dem Drehstrommotor zugeführt wird und einen schwingenden Teil, der vom Saugkreis aufgenommen wird.

Mit dem 4q-S kann dem Netz beinahe nur Wirkleistung entnommen werden und er ermöglicht einen Leistungsfaktor nahe $\cos\varphi \approx 1$ und kann Bremsstrom in geeigneter Form dem Netz zurückspeisen.

6 Das Bremsen der Lok

Die eleganten Bügelfalten-E 10 sind natürlich mit einer elektrischen Bremse ausgerüstet und 110 367 trug zum Aufnahmezeitpunkt auch noch ihre schnittigen Schürzen. Foto: Luers, Slg. Alkofer

Alle E-Lokomotiven verfügen über mehrere Bremssysteme. Das Hauptbremssystem ist eine pneumatische Luftdruckbremse, bei der Bremsklötze oder -beläge auf die Laufflächen der Räder drücken oder zangenförmig um eine Bremsscheibe greifen. Neben der mechanischen Druckluftbremse, die vor allem deshalb so bedeutend ist, weil sie auch die wichtigste Zugbremse darstellt, verfügen zahlreiche E-Triebfahrzeuge noch über eine elektrische Bremse. Zu diesen beiden Hauptbremssystemen kommt noch eine Feststellbremse und eventuell eine im Notfall aktive Magnetschienenbremse.
Beim Bremsen wird viel Energie in Form von Wärme frei und die muss abgeführt werden. Ein Intercity mit einem Gewicht von 480 Tonnen (Lok mit 80 Tonnen + zehn Wagen mit je rund 40 Tonnen) besitzt bei einer Geschwindigkeit von 200 km/h eine kinetische Energie von rund 740 MJ! In der Formel für die kinetische Energie ($^m/_2 \cdot v^2$) geht die Geschwindigkeit im Quadrat ein.

Die drei Bremsventilhebel der 110 324, der obere ist die Zusatzbremse (Lokbremse). Unten sind das Führerbremsventil (Druckluftbremse, vorne) und der in der Regel gekuppelte Bremssteller der elektrischen Bremse.

6.1 Die elektrische Bremse

Sie ist die charakteristischste Bremse einer E-Lok. Wie schon erwähnt, sind Elektromotor und Generator nahe verwandte elektrische Maschinen und ein E-Motor kann bei geänderter Beschaltung als Generator arbeiten. Beim Motor wird elektrische Energie in mechanische transformiert, der Generator wandelt mechanische Energie in elektrische.
Der drehende Radsatz ist die mechanische Energiequelle, er nimmt den Motorläufer mit. Die produzierte elektrische Energie geht zu Lasten der Rotationsenergie beziehungsweise -geschwindigkeit, das heißt, die Radsätze verringern ihre Geschwindigkeit.
Der Generatorbetrieb der Fahrmotoren legt unmittelbar nahe, den produzierten Strom zu nutzen. Allerdings ist das technisch nicht einfach und erfordert erheblichen Aufwand.
Die Bremse kann einerseits zur Verzögerung (Bremsung) dienen, aber auch um etwa bei der Bergabfahrt als Gefällebremse eine konstante Geschwindigkeit einzustellen. Bei vielen Lokomotivkonstruktionen wirkt bei höheren Geschwindigkeiten im gewöhnlichen Bremsbetrieb ausschließlich die E-Bremse, nur bei niedrigeren Geschwindigkeiten, wenn die Wirkung der elektrischen Bremse nachlässt, übernimmt die Druckluftbremse.
Während früher die Bremsen nur in seltenen Fällen als Nutzbremsen (Rekuperationsbremsen) gebaut wurden, ermöglichen es erneut die modernen Halbleiterbauteile, dass beinahe jede moderne E-Lok nicht nur einen Verbraucher, sondern auch ein Kraftwerk darstellt.
Je nach Topographie und Zuggattung können bis zu 50 Prozent der eingesetzten Energie ins Netz zurückgespeist werden, falls es in der Lage ist, die Energie aufzunehmen. Bei kleineren Inselnetzen ist dies nicht immer der Fall, denn die erzeugte Energie muss auch einen Abnehmer finden. In großflächigen, weitreichenden Netzen, in denen stets mehrere Züge unterwegs sind und andere Möglichkeiten des Energieaustauschs bestehen, ist dies kein Problem.

Gerade auf Gebirgsstrecken wie dem Semmering macht sich nicht nur die Verschleißlosigkeit der E-Bremse positiv bemerkbar. Bei den neuen Loks mit Drehstromantriebstechnik, wie dem Taurus der ungarisch-österreichischen Privatbahn GySEV/ROeEE (Raab-Ödenburger-Eisenbahn), ist auch die Möglichkeit der Rückspeisung ein großer Gewinn. Foto: Lürs, Slg. Alkofer

Die Doppellok Ae 8/8 271 der Lötschbergbahn (BLS) steht 1959 in Spiez. Die langen Dachaufbauten zwischen den beiden Stromabnehmern beherbergen die Bremswiderstände. Foto: BBC

Die elektrische Bremse bietet folgende Vorteile:

1. Sie ist nahezu verschleißlos.
2. Die Radreifen können sich beim konventionellen Bremsen stark erwärmen, die elektrische Bremse vermindert diese Erwärmung und schont so die Radreifen.
3. Das Fahrzeug verschmutzt nicht so sehr mit Bremsstaub, der zudem häufig von den Lüfteranlagen in den Maschinenraum eingesogen wird.
4. Die E-Bremse ist gut regulierbar, sensibel und schnell zu steuern.
5. Bei längeren Talfahrten kann eine gewöhnliche Druckluftbremsanlage sehr warm werden und an ihre thermischen Kapazitätsgrenzen gelangen. Die elektrische Bremse ist thermisch weniger sensibel.

6.1.1 Die verschiedenen Formen der elektrischen Bremse

Es gibt zwei Grundkonzeptionen: Die Widerstandsbremse, die den in den bremsenden Fahrmotoren erzeugten Strom in bordeigenen Widerständen in Wärme umwandelt, sowie die Nutzbremse.

Man unterscheidet weiter netzabhängige und netzunabhängige Bremsen. Die Nutzbremse ist immer netzabhängig, da sie den erzeugten Strom ans Netz zurückgeben muss, außer man nutzt ihn, um Akkus zu laden.

Weiterhin differenziert man in fremderregte und selbsterregte Bremsen. Erstere beziehen den Strom für das Erregerfeld entweder aus der Fahrleitung oder einer Batterie. Selbsterregte Bremsen werden, dank des remanenten Magnetfeldes, das bei Gleichstrommotoren vorliegt, von der eigenen Ankerspannung erregt.

Schließlich kann der Erregerstrom noch Gleich- oder Wechselstrom sein.

Die Nutzbremse scheint die ideale Bremse zu sein und da auf der Lok keine speziellen Bremswiderstände benötigt werden, führt die Nutzbremse auch zu keiner Gewichtszunahme. Allerdings hat sie auch Nachteile: Sie ist im Gegensatz zur Widerstandsbremse von der Aufnahmefähigkeit der Fahrleitung abhängig.

Die Widerstandsbremse ist aus zwei Gründen vorteilhaft: Sie kann netzunabhängig konstruiert werden und ist deutlich einfacher aufgebaut.

6.1.1.1 Fremderregte Bremse des Kommutatormotors

Beim meist verwendeten Reihenschluss-Motor müssen durch eine spezielle Schaltung Erreger- und Ankerwicklung bei dieser Form des Bremsbetriebs getrennt sein. Die Erregerwicklung wird aus einer speziellen Quelle gespeist, der Anker arbeitet entweder an die Fahrleitung im Fall der Nutzbremsung oder auf den Bremswiderstand.

Bei Nebenschlussmotoren oder gemischt erregten Motoren ist die nötige Trennung der Stromkreise von Anfang an vorhanden.

Ist der Erregerstrom ein Gleichstrom, so ist auch der Ankerstrom ein Gleichstrom und im Fall der Nutzbremsung müsste eine Gleichstromfahrleitung vorhanden sein, für Wechselstrom gilt das gleiche. Bei der Wechselstromnutzbremse muss die Ankerfrequenz unbedingt der Netzfrequenz entsprechen.

Bei der fremderregten Widerstandsbremse wird im DC- sowie im AC-Fall meist die Gleichstromerregung bevorzugt.

Die Erregerstromquelle kann geschwindigkeitsabhängig oder -unabhängig sein. Geschwindigkeitsabhängige Bremsen haben meist eine eigene achsangetriebene Erregermaschine. Als Erreger

Die Baureihe 111 der DB/DB AG nutzt eine gleichstromerregte Widerstandsbremse. Im Maschinenraum findet man die Erregergleichrichter in einem eigenen Gerüst.

kommt bei spezieller Schaltung auch einer der Fahrmotoren in Betracht oder der Bremswiderstand einer bereits vorerregten Bremse. Bei sechsachsigen Loks ist der Verzicht auf die Bremsleistung eines Fahrmotors, der zur Stromerzeugung für die Erregung der anderen fünf Motoren dient, zu verschmerzen.

Geschwindigkeitsunabhängig sind statische Halbleiter-Bremserreger, die aus der Fahrleitung gespeist werden. Falls Netzunabhängigkeit erforderlich ist, wäre auch eine Speisung aus einer Batterie möglich.

Bei Gleichstromtriebfahrzeugen bietet es sich an, die vorhandenen (Anfahr-) Stufenwiderstände auch als Bremswiderstände einzusetzen. Es gilt, je höher die Geschwindigkeit, desto höher die Bremskraft.

6.1.1.2 Die selbsterregte Bremse des Kommutatormotors

Der im Generatorbetrieb laufende Motor kann sich auch selbst erregen, das heißt, es wird keine eigene Stromquelle benötigt, sondern der Motor produziert den Erregerstrom selbst. Das funktioniert vor allem bei Gleich- und Mischstrommotoren, wo Remanenz auftritt.

Wenn durch einen Elektromagneten kein Strom mehr fließt, bleibt eine kleine Restmagnetisierung bestehen, die man Remanenz nennt. Diese Remanenz reicht, um im Generatorbetrieb einen Strom zu erzeugen, der dann wiederum das erforderliche Magnetfeld verstärken kann, der Motor geht in den Bremsbetrieb.

Bei Wechselstrommotoren ist wegen des permanent wechselnden Magnetfeldes die Remanenz unbestimmt. Um diese Motoren zur Selbsterregung zu bringen besteht die Möglichkeit, der Bordbatterie einen kurzen Stromstoß zu entnehmen.

Der größte Vorteil selbsterregter Motoren ist die Netzunabhängigkeit, die elektrische Bremse würde auch funktionieren, wenn die Fahrleitung ausfiele.

6.1.1.3 Die Bremse des Kommutatormotors mit Chopper

Der Gleichstromsteller ist sowohl im Fahr- als auch im Bremsbetrieb nutzbar. Mit ihm ist auch eine Nutzbremsung möglich, dabei arbeitet er als Hochsetzsteller und beweist, dass er ein Transformator für Gleichstrom ist.

6.1.1.4 Die elektrische Bremse der Drehstromloks

Dank des Vierquadrantenstellers 4q-S sind Drehstromloks in der Lage, beim Bremsen erzeugte Energie ins Netz zurückzuspeisen und verfügen deshalb stets über Nutzbremsen.

Die Hochleistungslok 460 059 der SBB erreicht gerade den Bahnhof von Montreux. Als DAT-Lok in der gebirgigen Schweiz ist diese Baureihe natürlich mit einer Rekuperationsbremse ausgestattet.

6.2 Die Druckluftbremse

Sie ist das wichtigste Bremssystem eines Zuges. Während die elektrische Bremse einer E-Lok nur diese bremst, wirkt die Druckluftbremse auch an jedem Wagen. Eine durchgehende Hauptluftleitung versorgt von der Lok aus den gesamten Zug mit der nötigen Druckluft.

Dem Lokführer stehen im Führerstand zwei unterschiedliche Druckluftbremsen zur Verfügung: Die selbsttätige, indirekt wirkende Druckluftbremse für Lok und Zug, die mit dem Führerbremsventil gesteuert wird, und die nicht selbsttätige Druckluftbremse der Lok, die mittels des Zusatzbremsventils gesteuert wird.

Bei beiden Bremsen strömt Luft aus Vorratsbehältern in Bremszylinder, in den Zylindern wirkt sie auf Kolben, die sich je nach Druckverhältnis auf einen bestimmten Wert einstellen. Von den Kolben ausgehend, wirkt ein Bremsgestänge auf Bremsklötze, die auf die Radreifen drücken oder es greifen bei modernen Lokomotiven und Wagen die Bremsbacken der Scheibenbremsanlage.

Das komplizierte Bremsgestänge ist so konstruiert, dass auf alle Bremsklötze möglichst eine gleich große Kraft wirkt. Da sich sowohl die Radreifen als auch die Bremsklötze abnutzen, was sich auf den Kolbenhub im Bremszylinder auswirkt, muss das Bremsgestänge vergleichsweise häufig nachjustiert werden. Die Bremsklötze bestehen aus Grauguss oder bei modernen Fahrzeugen zur Lärmminderung teils aus Kunststoff. Die Wirkung der Gussklötze steigt mit abnehmender Geschwindigkeit, Kunststoffklötze sind weniger geschwindigkeitsabhängig und erzeugen weniger

Einen neuen Weg gingen die Siemens-Ingenieure bei der Konstruktion des Taurus-Drehgestells. Sie entwickelten den Hochleistungs-Antrieb mit Bremswelle (HAB). Die Bremsscheiben sind auf einer eigenen Welle montiert, die über ein Getriebe mit der Radsatzwelle verbunden ist. Das spart Gewicht.

Brems-Lärm. Bremsklötze sind Verschleißteile, die regelmäßig gewechselt werden müssen. Die erforderliche Druckluft wird von Kompressoren auf der Lokomotive erzeugt und im Hauptluftbehälter der Lok bei 8,5 bis zehn bar gespeichert.

6.2.1 Die direkt wirkende Bremse

Bei der direkt wirkenden Bremse steuert der Lokführer über das Zusatzbremsventil unmittelbar den Druck, der in den Bremszylindern wirkt. Die Bremse ist simpel und gut zu regulieren, hat jedoch einen erheblichen Nachteil: Sie funktioniert nicht als Bremse für einen ganzen Zug, da im Falle einer ungewollten Zugtrennung keine automatische Bremsung einsetzen würde.

6.2.2 Die indirekt wirkende Bremse

Bei der indirekt wirkenden Druckluftbremsanlage steht die Bremsleitung bei gelöster Bremse unter Druck! Zum Bremsen wird der Druck in der Bremsleitung vermindert.
Das Führerbremsventil, ein vom Lokführer geregeltes Druckminderventil, reguliert den Druck in der Bremsleitung auf 5,0 bar. Ab dem Führerbremsventil beginnt die so genannte Hauptluftleitung (Bremsleitung), an der alle einzelnen Lok- und Wagenbremsen angeschlossen sind. Dort befinden sich Steuerventile, die auf Druckabsenkungen beziehungsweise -erhöhungen (zwischen 3,5 und 5,0 bar) in der Hauptluftleitung reagieren.
Im Falle einer Druckminderung steuern diese Ventile um, und aus einem weiteren Vorratsluftbehälter, der unter einem Druck von 8,5 bis 10 bar steht, strömt Luft in die Bremszylinder der Lokomotive und Wagen, woraufhin die Bremse von Lok sowie Wagenzug angelegt wird. In den verschiedenen Bremsstellun-

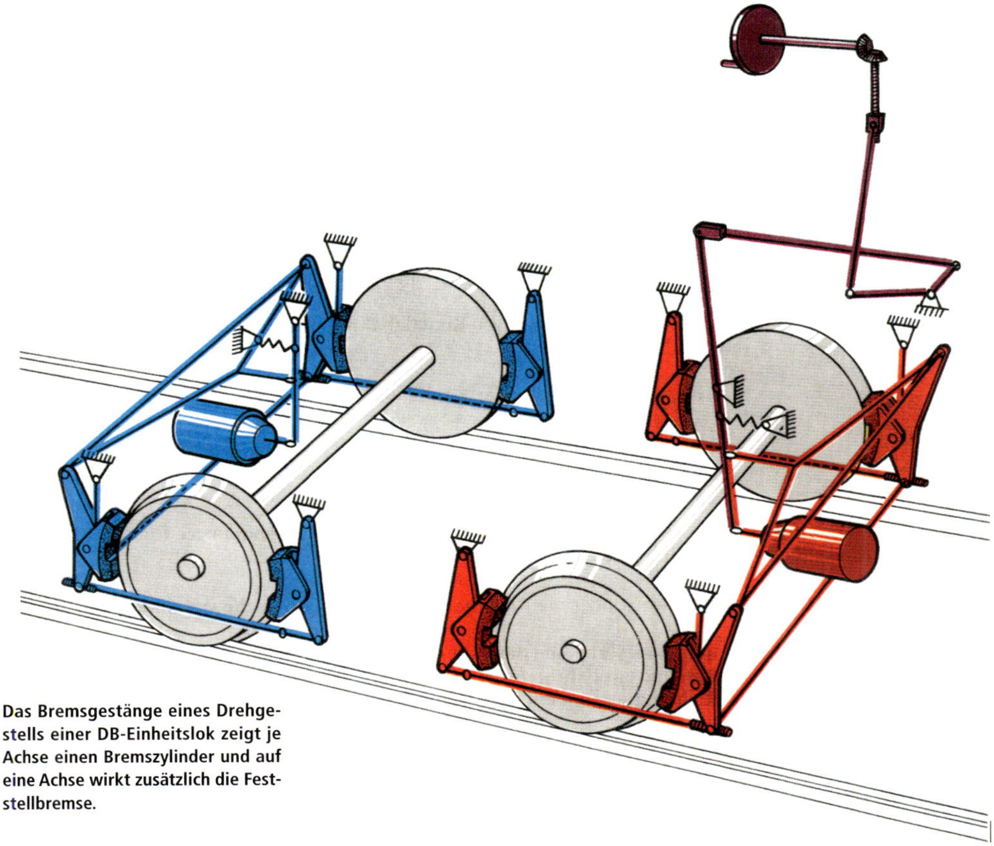

Das Bremsgestänge eines Drehgestells einer DB-Einheitslok zeigt je Achse einen Bremszylinder und auf eine Achse wirkt zusätzlich die Feststellbremse.

gen des Führerbremsventils wird in der Hauptluftleitung der Druck um eine der Bremsrasterung zugehörige Druckdifferenz gesenkt und der Bremszylinderdruck steigt proportional an. Bei einem Hauptluftleitungsdruck von 3,5 bar ist die maximale Bremswirkung erreicht. Im Falle einer Druckerhöhung in der Hauptluftleitung steuern die Steuerventile erneut um und die Bremse löst sich wieder, bis sie bei einem Druck von 5,0 bar in der Hauptluftleitung wieder vollständig gelöst ist.
Es gibt ein- und mehrlösige Bremsen. Heutige Triebfahrzeuge und Wagen verfügen ausschließlich über mehrlösige Bremsen. Sie machen es möglich, einen begonnenen Bremsvorgang durch stufenweisen Druckaufbau in der Hauptluftleitung ebenso stufenweise wieder zu lösen. Vor allem bei Fahrten im Gefälle ist diese Eigenschaft sehr wichtig, erleichtert sie doch dem Lokführer die gewünschte Geschwindigkeit zu halten. Eine einlösige Bremse löst im Gegensatz dazu schon bei geringster Druckerhöhung in der Hauptluftleitung vollständig aus. Ein weiterer Nachteil einlösiger Bremsen ist die Erschöpfbarkeit. Wird unmittelbar auf einen Lösevorgang erneut gebremst, kann sich in der Zwischenzeit der Hilfsluftbehälter unter Umständen nicht vollständig füllen. Die nachfolgenden Bremsungen erzielen nicht mehr die maximale beziehungsweise die vom Lokführer gewollte Wirkung. Dieses Wechselspiel führt im schlimmsten Fall dazu, dass der Zug nicht mehr zum Stehen kommt.
Falls die Hauptluftleitung durch eine Zwangs-, Not- oder Schnellbremsung vollständig entleert wird, wirkt keine höhere Bremskraft, die maximale Bremswirkung wird lediglich schneller erreicht als in der Vollbremsstellung. Gerade bei längeren Zügen spielt auch die Ausbreitungsgeschwindigkeit des Bremsbefehls im Zugverband eine Rolle. Eine zu starke zeitliche Verzögerung des Bremsvorgangs zwischen den Zugteilen kann schlimmstenfalls zu Zugtrennungen führen.

Im Druckluftgerüst einer E-Lok der Baureihe 111 ist rechts unten der Hebel für den G-P-R-Bremsartwechsel.

Was bedeuten die Anschriften G, P und R an den Lokomotiven?

Das Bremsen eines Zuges ist anspruchsvoll und es reicht nicht, dass jeder Wagen mit einem Bremssystem ausgerüstet ist. Es kommt gleichermaßen auf die Art der Bremsen, die Art des Zuges und dessen Länge an. Bei einem langen Güterzug dauert es eine Weile, bis der Bremsbefehl des Lokführers über die Druckluftleitung sich zum letzten Wagen fortgepflanzt hat. Es muss nun verhindert werden, dass der vordere Zugteil bereits stark bremst und ungebremste Waggons auflaufen. Auch der umgekehrte Fall beim Lösen der Bremsen, dass der Zug anfährt, während im hinteren Zugteil die Bremsen noch anliegen, darf nicht passieren.
Deshalb haben Lokomotiven die Möglichkeit die Bremsart einzustellen. In der Stellung G (Güterzug) sprechen die Bremsen langsamer an. Dementsprechend schneller bremst ein Zug in der Stellung P (Personenzug) beziehungsweise ▸

R (Rapid). Die UIC schreibt folgende Eigenzeiten für die Bremsdrucksteuerventile vor:
In Stellung »G« 18 bis 30 Sekunden für das Bremsen, d. h. es dauert 18 bis 30 Sekunden bis der maximale Bremsdruck aufgebaut ist und 45 bis 60 Sekunden für das Lösen. In Stellung »P« betragen die Zeiten 3 bis 5 Sekunden (Bremsen) und 15 bis 20 Sekunden (Lösen).

6.3 Die Feststellbremse

Jede Lokomotive besitzt eine Feststellbremse, die der Sicherung der abgestellten Lok dient. Die gewöhnliche Handbremse älterer Loks wirkt über ein Spindelrad auf das Bremsgestänge der pneumatischen Bremsanlage. Diese Technik ist mechanisch aufwendig und birgt Risiken: Sie wirkt je nach Anzahl der Umdrehungen unterschiedlich stark und es besteht die Möglichkeit, mit angelegter Bremse anzufahren.
Jüngere Lokomotiven haben häufig Federspeicherbremsen, es handelt sich ebenfalls um eine Druckluftbremse. Die Federspeicherbremse ist in den Bremszylindern der Lok integriert: Eine starke Feder drückt auf den Bremskolben, falls die Bremse entlüftet ist, im Betrieb wird die Bremse vom Druck in der Hauptluftleitung gelöst gehalten. Diese Feststellbremse bietet einige Vorteile: Die mechanische Übertragung vom Führerstand auf das Lok-Bremsgestänge entfällt, was zu einer Vereinfachung des Systems bei geringerem Gewicht führt. Die Bremskraft ist außerdem nicht mehr vom Lokführer beziehungsweise von der Kurbelumdrehungszahl abhängig. Die Federspeicherbremse wirkt stets mit derselben Kraft und ihr Betriebszustand kann im Führerstand angezeigt werden, beziehungsweise mit entsprechender Überwachungskette kann verhindert werden, dass die Lok mit angelegter Feststellbremse anfährt. Allerdings ist eine mechanische Notlösevorrichtung nötig, die es erlaubt, eine luftleere Lok, etwa im Schadensfall, zu bewegen.

6.4 Magnetschienenbremse (Mg-Bremse)

Diese Bremse ist eine Zusatzeinrichtung, die als Notfallbremse oder bei Indusi-Zwangsbremsungen zum Einsatz kommt. Sie ist nicht regulierbar und ihre Kraft steigt gar mit abnehmender Geschwindigkeit. Im Ernstfall sorgt sie für eine erhebliche Verkürzung des Bremswegs. Mit der Magnetschienenbremse wird eine deutlich stärkere Verzögerung erzielt, als dies zwischen Rad und Schiene theoretisch möglich ist. Meist ist sie zwischen zwei Radsätzen eines Drehgestells (einer Lok oder eines Reisezugwagens) aufgehängt und fällt bei Bedarf auf das Gleis.
Der Bremseffekt der Magnetschienenbremse beruht auf der Reibung des Bremskörpers auf der Schiene. Dieser Bremskörper, der ungefähr 1 bis 1,5 Meter lang ist, besteht aus einem oder mehreren Elektromagneten, die aus der Fahrleitung, von einer Batterie oder der elektrischen Bremse erregt werden. Sie ziehen sich mit großer Kraft gegen die Schiene.
Der große Vorteil der Mg-Bremse ist die Kraftschlussunabhängigkeit, d. h. die Schienenoberfläche spielt keine Rolle. Bei Lokomotiven wird sie aus Platzgründen selten eingebaut, bei modernen Triebzügen und Personenwagen wird sie jedoch häufig eingebaut.

7 Die Nebeneinrichtungen der Lok

Im BBC-Werk Münchenstein bei Basel werden im Jahr 1926 Lokomotiven der SBB-Reihe Ae 3/6 I montiert. Foto: BBC

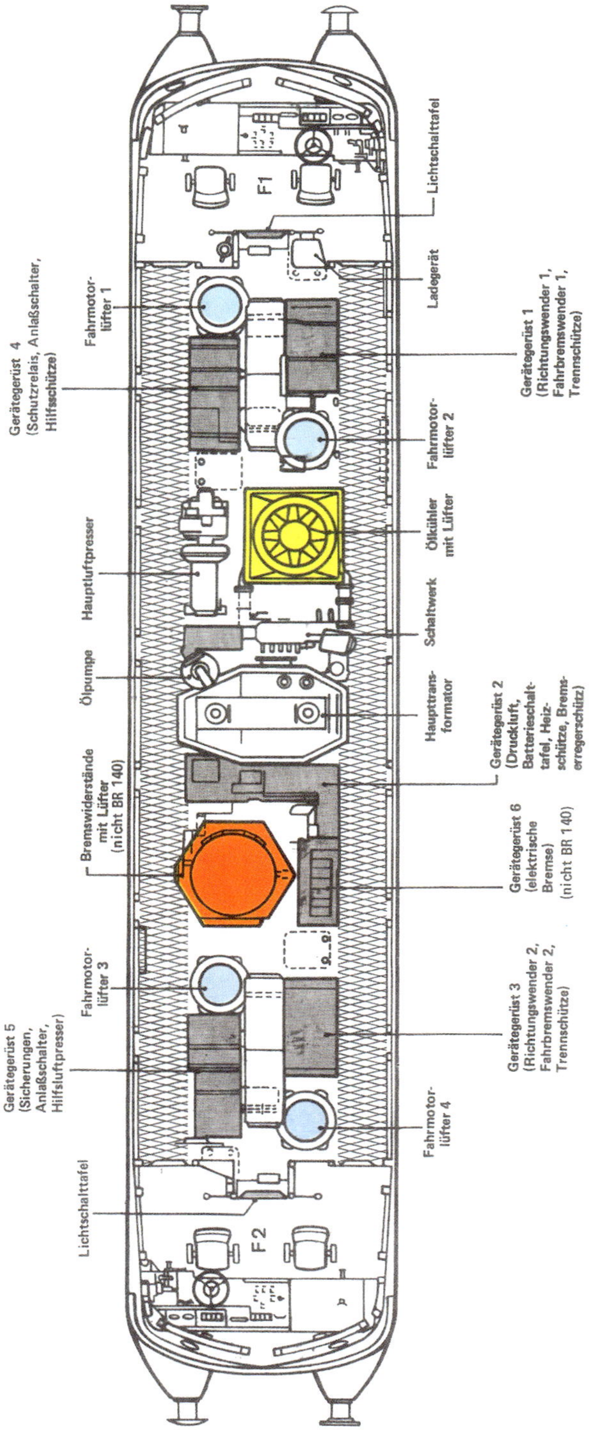

Anordnung der wichtigsten Baugruppen in den DB-Einheitsloks der Reihen 110, 112, 140.

7.1 Die Hilfsbetriebe-versorgung

In einer Lokomotive befinden sich außer den Fahrmotoren zahlreiche andere Energieverbraucher. Dazu gehören insbesondere die Fahrmotorlüfter. Von der Stromversorgung sind aber auch Luftpresser oder Umwälzpumpen abhängig. Nicht zuletzt muss unter Umständen ein klimatisierter Reisezug inklusive Bordrestaurant mit Spannung versorgt werden.

Es bestehen verschiedene Möglichkeiten der Energieversorgung:

1. Die direkte Hilfsbetriebespeisung aus der Fahrleitung kommt nur für Gleichstromfahrzeuge in Frage und ist bei Spannungen bis 600 Volt kein Problem. Bei größeren Spannungen würden Motoren für die oftmals vergleichsweise kleinen Leistungen, die sie liefern müssen, allerdings zu groß.
2. Eine Speisung aus einem Gleichstrombordnetz ist effektiver. Ein einziger für die Fahrdrahtspannung ausgelegter Motor treibt eine Umformergruppe an, die eine Gleichspannung mit gebräuchlicher Spannung erzeugt.
3. Bei Wechselstromtriebfahrzeugen existiert für die Hilfsbetriebeversorgung meist eine eigene Hilfsbetriebewicklung am Transformator beziehungsweise eine eigene Anzapfung an der Sekundärwicklung. So wird die Spannung auf ein geeignetes Maß herabtransformiert. Die niedrige Spannung hat dieselbe Frequenz wie die Fahrleitung, mit denselben bereits bei den Fahrmotoren beschriebenen Problemen. Meist sind mehrere Spannungen (Anzapfungen) nötig, da es keine ideale Hilfsbetriebespannung gibt.
4. Es ist auch eine Integration der Hilfsbetriebemotoren in die Fahrmotorstromkreise möglich, damit können unter Umständen Hochspannungsmotoren vermieden werden, außerdem ist es naheliegend, die Fahrmotorlüftermotoren in Serie mit den Fahrmotoren zu schalten. Mit steigendem Drehmoment des Fahrmotors steigt

auch die Ventilatordrehzahl, man erhält eine belastungsabhängige Kühlung.

5. Seit einigen Jahrzehnten wird auch zur Stromversorgung der Hilfsbetriebe Drehstrom genutzt. Für den Einsatz in DC- oder AC-Netzen wird ein so genannter Hilfsbetriebeumrichter eingesetzt, der nicht anders funktioniert als die Umrichter für die Fahrmotorenversorgung. Wechselrichter erzeugen den dreiphasigen Drehstrom.

Zur Stromversorgung des Zuges dient die Zugsammelschiene (Heizleitung), eine meist einpolige Leitung. Zur Rückleitung werden die Schienen genutzt. Bei der DB legte man für die Zugsammelschiene eine Spannung von 1.000 Volt mit einer Frequenz von 16²/₃ Hz fest. Andere Länder nutzen unterschiedliche Spannungen: 1.500 V/50 Hz oder 1.500 V DC beziehungsweise 3.000 V DC, je nach Oberleitungsspannung. Diese vier Spannungen sind von der UIC zugelassen. Reisezugwagen im internationalen Verkehr müssen für diese vier Strom-/Spannungssysteme tauglich sein.

7.2 Die Druckluftanlage

Eine der wichtigsten Nebeneinrichtungen einer E-Lok ist die Druckluft-Anlage. Die Druckluft dient nicht nur dem Betrieb der pneumatischen Bremse, sondern einige andere Steuerungen einer E-Lok werden ebenfalls mit Luft betrieben, dazu gehören bei vielen Lokomotiven zum Beispiel der Stromabnehmerantrieb, der Hauptschalter, die Spurkranzschmierung, die Sandstreuanlage, das Signalhorn wie auch die Scheibenwischer.

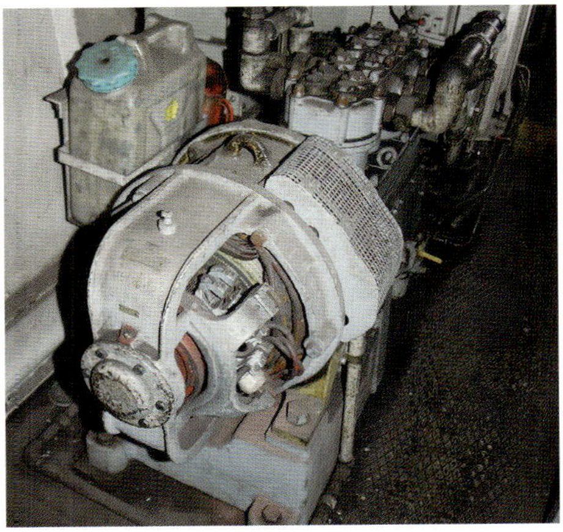

Der inzwischen betagte Kolben-Luftpresser der Baureihe 139 liefert in einer Stunde etwa 110 Kubikmeter Druckluft gegen einen Überdruck von 10 bar. Foto: Frickel

Jede E-Lok benötigt mindestens einen Luftpresser (Kompressor) sowie ein Speicher- und ein Verteilsystem für die erzeugte Druckluft. Da von der Druckluft viele Systeme einer Lokomotive abhängen, verlangen manche Bahnverwaltungen einen zweiten (Reserve-)Luftpresser an Bord.

Der Luftpresser, meist ein zweistufiger Hubkolben- oder Schraubenverdichter, wird von einem eigenen Elektromotor angetrieben. Die Leistungsfähigkeit liegt meist bei 100 bis 200 Kubikmeter verdichteter Luft pro Stunde.

Die komprimierte Luft wird in einem oder mehreren Hauptluftbehältern gesammelt. Der Druck im Hauptluftbehälter beträgt 6,5 bis 10 bar (0,65 bis ein Megapascal). Ein Sicherheitsventil begrenzt den Druck in der Regel bei 11 bar, falls die Steuerung des Luftpressers ausfällt. Sie sorgt auch dafür, dass der Luftpresser automatisch bei einem definierten Minimaldruck zwischen 6,5 und 8,0 bar anspringt und bei einem Maximaldruck (8,0 bis 10,0 bar) abschaltet.

Von den Hauptluftbehältern werden über Leitungen sämtliche Lok- beziehungsweise Zugteile versorgt. Da nicht alle Einrichtungen mit dem vollen Behälterdruck von heutzutage 8,5 bis 10 bar arbeiten, sind zahlreiche Druckminderventile eingebaut.

Das Zusatzbrems- und das Führerbremsventil werden ebenfalls von der Hauptluftbehälterleitung gespeist. Über das Zusatzbremsventil gelangt Luft direkt aus den Hauptluftbehältern in die Bremszylinder der Lok.

Lokomotiven haben an ihrer Stirnseite mechanisch kuppelbare Luftschläuche für die Hauptluft- und für die Hauptluftbehälterleitung, die mit den entsprechenden Luftleitungen der Wagen verbunden werden können. Die Hauptluftbehälterleitung fungiert als Versorgungsleitung für alle im Zug befindlichen Druckluftverbraucher (Bremsen, Türschließung). Die Hauptluftleitung, deren Druck über das Führerbremsventil geregelt wird, ist lediglich die Steuerleitung für alle an sie angeschlossenen Bremsen im Zugverband. Die Lok und jeder Wagen eines Zuges haben eigene Druckluft-Vorratsluftbehälter für die Bremse und eigene Steuerventile.

Dank des abgehobenen Daches dieser E-Lok der Baureihe 112/143 kann man gut den Weg der angesaugten Kühlluft und die Lage der Lüfter erkennen. Foto: Frickel

7.3 Das Lüftersystem

Eine große Herausforderung ist die Kühlung von E-Loks. Sie entwickeln aus der elektrischen Energie der Fahrleitung nicht nur kinetische Energie (Bewegungsenergie), sondern auch reichlich thermische Energie (Wärme). Wärme entsteht in allen elektrischen Maschinen (Joulesche Wärme), vor allem in den Fahrmotoren und im Transformator, aber auch in den Stromrichtern, den Brems- und Anfahrwiderständen und in zahlreichen Nebeneinrichtungen wie etwa dem Luftpresser. Wärme entsteht zudem durch Reibung in mechanischen Bauteilen wie dem Getriebe und den Bremsen. Bei einem Lokomotivwirkungsgrad von 80 Prozent bedeutet das für eine 6.000-kW-Lok, dass eine Wärmeleistung von 1.200 kW abzuführen ist!

Diese Wärme, die durch Wärmestrahlung an die Umgebung oder Wärmeleitung an unmittelbar benachbarte Bauteile abgegeben wird, muss zumindest in dem Maß abgeführt werden, dass die maximalen Betriebstemperaturen der eingebauten Geräte nicht überschritten werden.

Hinderlich ist zudem die räumliche Enge in E-Loks, zahlreiche Wärmeproduzenten heizen sich gegenseitig auf.

Einfachstes Kühlmittel ist die Außenluft. Wo eine höhere Kühlleistung erforderlich ist, wird mit flüssigen Kühlmitteln, von Öl bis Wasser, gekühlt. Flüssige Kühlmittel können schneller größere Wärmemengen abführen. Sie müssen aber mittels großflächiger Wärmetauscher die aufgenommene Energie an einem anderen Ort an die Umgebung abgeben können.

7.3.1 Der Weg der Kühlluft

E-Loks saugen die zur Kühlung benötigte Luft durch Lüftergitter an, die das Eindringen von Schmutz, Regen und Schnee verringern sollen. In Mehrfach-Düsenlüftungsgittern wird die angesaugte Luft mehrmals umgelenkt, außerdem sind sie so konstruiert, dass es Anprallflächen für eindringende Partikel und strömungslose Bereiche gibt, wo sich Fremdkörper absetzen können. Diese Reinigung der Luft ist erforderlich, weil Schmutzpartikel sonst zu Störungen an den Anlagen führen könnten. Die gefilterte Luft gelangt nun entweder in den Maschinenraum oder wird

Ein Radiallüfter in der französischen Geschwindigkeits-Weltrekordlok BB-9004.

durch spezielle Kanäle direkt zu den zu kühlenden Bauteilen geleitet.

Es kommt auch darauf an, wo die Kühlluft angesaugt wird. Hochliegende, in der Dachschräge befindliche Ansauggitter, saugen weniger Staub ein, sind aber stärker gefährdet, Regen und Schnee anzusaugen. Tiefliegende Ansaugöffnungen saugen viel Schmutz und Bremsstaub ein. Große Öffnungen sorgen für eine gewünschte, niedrige Strömungsgeschwindigkeit, benötigen jedoch viel Platz. Wichtig ist, dass im Maschinenraum möglichst kein Unterdruck entsteht, der eine Verschmutzung von außen verstärken würde.

In Lokomotiven werden Radial- oder Axiallüfter verwendet. Der Radiallüfter saugt die Luft in der Mitte an, beschleunigt sie und schleudert sie seitlich nach außen.

Der Axiallüfter wirkt wie eine Turbine, saugt die Luft an und stößt sie komprimiert und beschleunigt ohne Umlenkung am anderen Ende aus. Er ist insgesamt etwas vorteilhafter im Vergleich zum Radiallüfter und deshalb in den meisten moder-

Die Kühlluft wird bei neueren Lokomotiven, zu denen auch bereits die DB-Baureihe 111 gehört, nicht mehr aus dem Maschinenraum entnommen, sondern geht direkt vom Lüftergitter in den Axial-Fahrmotorlüfter (re.).

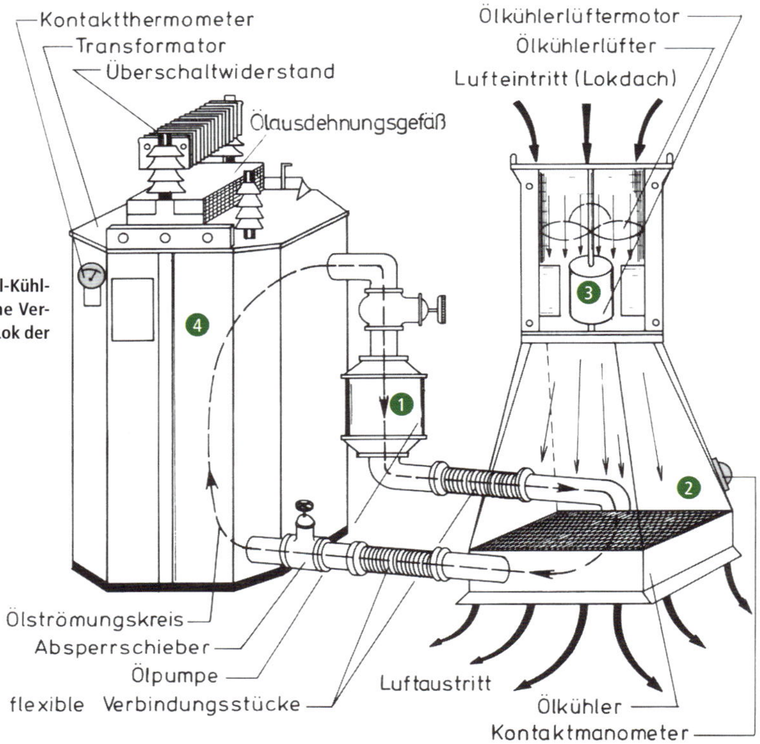

Zeichnung des Trafoöl-Kühlkreislaufes und seine Verwirklichung in einer Lok der Baureihe 139.

nen Loks zu finden. Derartige Lüfter werden etwa zur Kühlung der Fahrmotoren, der Bremswiderstände und von Drosseln eingesetzt.

Früher gab es bei Lokomotiven Schalter, die es erlaubten bei den Lüftermotoren zwischen Sommer- oder Winterbetrieb zu wählen. Damit wurde die Spannung an den Lüftermotoren verändert und im Sommer mehr Kühlluft angesaugt als im Winter. Heutzutage sind die Lüftermotoren meist Drehstrommotoren, die spannungs- und frequenzgesteuert die Kühlluftmenge stets dem Bedarf anpassen können.

7.4 Die Zugheizung

Ganz am Anfang waren Züge ungeheizt, später wurden Personenwagen einzeln mittels Kanonenöfen erwärmt. Rund um den Ofen war es behaglich, aber in den Wagenecken froren die Fahrgäste. Später bekamen Reisezugwagen eine Dampfheizung, die sich im Zeitalter der Dampflokomotive aufdrängte. Der Heizdampf wurde dem Dampflokkessel entnommen.
Die Dampfheizung war bis in die 1960er-Jahre das dominierende Zugheizsystem. So erhielten in den Anfangsjahren der elektrischen Traktion teils sogar E-Loks einen Heizkessel zur Versorgung der Dampfheizung in den Wagen.

Auf der linken Seite des Führertisches einer DB-110 sind die Anzeigen für die Heizungsspannung, die Fahrleitungsspannung, den Oberstrom und die Bremskraft der elektrischen Widerstandsbremse.

Bei E-Loks ist jedoch die elektrische Heizung der Wagen naheliegend. Dafür war allerdings ein neuer Reisezug-Wagenpark beziehungsweise die Zweisystemfähigkeit (Dampf/Elektro) der Wagen erforderlich.
Etwa Mitte der 1960er-Jahre vereinbarten die europäischen Bahnverwaltungen, künftig Reisezugwagen nur mit einer elektrischen Zugheizung auszurüsten.
Der für die elektrische Zugheizung über die Zugsammelschiene bereitgestellte Strom kann außerdem im Sommer zum Betreiben von Klimaanlagen genutzt werden.
Der Bedarf an Heizleistung beträgt ungefähr 300 Watt pro Kubikmeter, das macht bei einem Wagen von 26,4 Metern Länge einen Bedarf von ungefähr 40 kW, ein Zehn-Wagen-Zug hat einen Heizleistungsbedarf von ungefähr 400 kW!

7.5 Die Spurkranzschmierung

Sie soll Verschleiß durch trockene Reibung vor allem bei Kurvenfahrt an den Spurkränzen und auch an den Schienenköpfen minimieren. Zur Spurkranzschmierung wird ein frostbeständiges Fett genutzt, das mittels einer Pumpe und Druckluft (8,5 bis 10 bar) auf die Anlauffläche der Spurkränze gespritzt wird. Das zähe Fett bildet dort einen Schmierfilm. In der Regel werden nur die Spurkränze der jeweils führenden Achse geschmiert. Das Fett wird auch auf die Schienenflanke übertragen und verteilt sich so weiter auf die folgenden Radsätze, wodurch dort der Verschleiß ebenso herabgesetzt wird. Die Spurkranzschmierung setzt ein, sobald das Fahrzeug bewegt wird.
Über elektrisch angesteuerte Magnetventile wird zirka alle 75 Radumdrehungen Fett an die Lauffläche gespritzt.

7.6 Mess-, Schutz-, Überwachungs- und Steuereinrichtungen

Die Vielzahl an Stell- und Steuergrößen auf einer Lokomotive wäre heute von einem Lokführer kaum mehr zu überwachen, ohne dass seine Aufmerksamkeit für das Fahren der Lok und Beobachten der Strecke eingeschränkt wäre. Im 21. Jahrhundert, wo Reisegeschwindigkeiten bis 320 km/h keine Sensation mehr darstellen, ist es umso wichtiger, dass alle Überwachungs-, Steuer- und Sicherungssysteme möglichst automatisch sowie besonders verlässlich arbeiten. Zahlrei-

che Steuerungs- und Regelgeräte sorgen dafür, außerdem sollen sie Fehlbedienungen verhindern und den Lokführer vorausschauend warnen.
Eine der entscheidenden Aufgaben aller Überwachungseinrichtungen ist es auch, die empfindlichen und teuren elektrischen Bauteile wie Fahrmotoren und Transformator vor Überlastung zu schützen und im Notfall selbsttätig abzuschalten.

7.6.1 Messgrößen

Um Bauteile zu schützen, müssen die Grenzbelastungen bekannt und Messvorrichtungen an Bord der Lok sein, die die entscheidenden Kenngrößen permanent überwachen, automatisch mit vorgegebenen Grenzparametern vergleichen und gegebenenfalls selbsttätig Maßnahmen einleiten. Die wichtigsten Messgrößen sind:

1. Fahrleitungsspannung: Sie ist nicht konstant und schwankt je nach Belastung im entsprechenden Unterwerksabschnitt sowie je nach Entfernung vom Einspeisepunkt.
Innerhalb der Spannungs-Toleranzen muss der Lokführer bei einem Spannungsabfall Fahrstufen aufschalten, um seine Geschwindigkeit zu halten. Sinkt oder steigt die Spannung jedoch über einen der Grenzwerte, so ist ein sicherer Betrieb nicht mehr gewährleistet, Teile der elektrischen Ausrüstung könnten gefährdet sein, weil etwa die Lüftermotoren mit zu geringer Drehzahl laufen und nicht mehr für ausreichend Kühlluft sorgen können.

Geschwindigkeit 10 km/h, Fahrstufe 9, Motor-Klemmenspannung 181,2 Volt, knapp 2.500 Ampère fließen durch die Fahrmotoren der 139. Langsam, aber stetig beschleunigt sie ihren Güterzug.
Foto: Frickel

2. Fahrleitungsstrom: Bei Wechselstromtriebfahrzeugen ist diese Anzeige nötig, falls die Lokomotive den Strom nicht automatisch begrenzt, damit der Lokführer bei zu hohen Werten regulierend eingreifen kann, bevor der Transformator-Überstromschutz das Triebfahrzeug automatisch abschaltet.
3. Fahrmotor-Strom: Diese Anzeige ist eine der wichtigsten, signalisiert sie doch dem Lokführer auch die Zugkraft, wegen der Proportionalität von Fahrmotorstrom und Drehmoment. Der Lokführer kann mit dieser Anzeige auch das Schleudern von Radsätzen oder nicht gelöste Bremsen erkennen.
4. Strom und Spannung in der Zugsammelschiene: Der Triebfahrzeugführer kann den aktuellen Status der Stromversorgung im Zug ablesen.
5. Batteriestrom und -spannung: Dient der Anzeige des aktuellen Batteriezustandes.
Neben den elektrischen Größen sind die wichtigsten weiteren Messwerte die aktuelle Geschwindigkeit des Fahrzeugs, der Luftdruck in der pneumatischen Anlage.

Erlaubte Spannungs-Schwankungen

DC (750 V)	500 bis 900 Volt
DC (1,5 kV)	1.000 bis 1.800 Volt
DC (3 kV)	2.000 bis 3.600 Volt
AC (15 kV)	12.000 bis 17.250 Volt
AC (25 kV)	19.000 bis 27.500 Volt

Erlaubte Spannungsfrequenz-Schwankungen

$16^1/_3$ Hz	$16^1/_3$ bis 17 Hz
50 Hz	49 bis 51 Hz

7.7 Schutzeinrichtungen

Ein Überstromschutz verhindert vor allem bei Kollektorfahrmotoren unzulässig hohe Ströme und damit verbundene zu starke (lokale) Erwärmung. Als einfachster Überstromschutz fungieren Schmelzsicherungen. Im Regelfall sind es spezielle Überstromschutzschaltungen, die im Falle des Überstromes den Hauptschalter auslösen.
Als Unterspannungsschutz dient ein Relais, das beim Abfall der Spannung unter einen bestimmten Wert anspricht und ebenfalls den Hauptschalter auslöst.

7.8 Sicherheitseinrichtungen

7.8.1 Die Sicherheitsfahrschaltung (Sifa)

In der Dampflokära waren zwei Mann auf dem Führerstand, die sich gegenseitig überwachten. Wurde der Lokführer während der Fahrt dienstunfähig, so konnte der Heizer noch immer den Zug zum Halten bringen. Wegen dieses Sicherheitsaspektes und nicht geringem gewerkschaftlichen Druck wird auch heute noch in einigen Ländern mit zwei Lokführern gefahren. Seit Jahrzehnten ist in den meisten europäischen Ländern jedoch der Ein-Mann-Betrieb die Regel.
Wo nur mehr ein Lokführer auf dem Führerstand ist, waren Überwachungseinrichtungen nötig, welche die Kontrolle des Lokführers übernehmen und im Notfall eine Zwangsbremsung einleiten. Diese Aufgabe übernimmt in Deutschland die Sicherheitsfahrschaltung (Sifa) und in anderen Ländern ähnliche Systeme.
Man unterscheidet zeitabhängige und zeit-weg-abhängige Systeme. Alle Sifa-Systeme verlangen vom Lokführer ab einer Geschwindigkeit von etwa 5 km/h das ständige Betätigen einer Taste, die nach längstens 30 Sekunden kurz losgelassen und erneut gedrückt werden muss, geschieht dies nicht, leuchtet zunächst ein Leuchtmelder auf, der den Lokführer zum Loslassen der Taste auffordert. Ignoriert der Triebfahrzeugführer dies auch, ertönt nach 2,5 Sekunden beziehungsweise 75 Metern eine deutlich hörbare Hupe. Geschieht immer noch nichts, erfolgt weitere 2,5 Sekunden beziehungsweise 75 Meter später die Sifa-Zwangsbremsung.

7.8.2 Die punktförmige Zugbeeinflussung (PZB)

Zu den wichtigsten Sicherheitseinrichtungen im Schienenverkehr gehören Signale. Das Beobachten der Signale und die richtige Reaktion auf den jeweiligen Signalbegriff gehören zu den wichtigsten Aufgaben des Lokführers. Die Missachtung von Signalbefehlen gehört zu den gefährlichsten Unfallursachen im Schienenverkehr, manchmal mit katastrophalen Folgen. Gründe dafür gibt es viele, die von schlechten Sichtverhältnissen bis zur Unkonzentriertheit des Lokführers reichen können. Eine der wichtigsten Sicherungseinrichtungen auf allen Triebfahrzeugen ist deshalb eine signalabhängige Zugbeeinflussung. Bei der DB hieß das System früher Indusi (induktive Zugbeeinflussung), heute kennt man es als PZB. Das System greift beim Überfahren Halt zeigender Signale oder beim Überschreiten von Geschwindigkeitsbegrenzungen ein.

Vergleichbare Sicherheitseinrichtungen existieren auch in anderen Ländern, in der Schweiz heißt sie beispielsweise Integra.

An einem Triebfahrzeug befindet sich auf jeder Fahrzeugseite 150 Millimeter über der SOK ein charakteristischer »Magnet«. Der in Fahrtrichtung rechts befindliche ist aktiv und in ihm werden Spulen gleichzeitig von drei Wechselströmen mit den Frequenzen 500, 1.000 und 2.000 Hz durchflossen.

In unmittelbarer Gleisnähe neben der rechten Schiene befinden sich ebenfalls »Magnete«, Spulen, die zusammen mit einem Kondensator einen elektrischen Schwingkreis aufbauen.

Bei einem Vorsignal, das den Signalbegriff »Halt erwarten« oder »Langsamfahrt erwarten« an-

Auf beiden Seiten einer Lokomotive befindet sich je ein Indusi-»Magnet«, in der Regel zwischen den Achsen, wie hier bei einer Lok der Baureihe 111.

zeigt, liegt ein aktiver 1.000 Hz-Magnet. Überfährt die Lok den Magneten, treten Lok- und Gleis-Magnet in Resonanz und die Überwachung ist scharf. Innerhalb eines Zeitraums von vier Sekunden nach dem Überfahren des aktiven Magneten muss der Lokführer nun die Wachsamkeitstaste betätigen und gleichzeitig die Geschwindigkeit der Lok entsprechend der eingestellten Zugart unter eine spezielle Prüfgeschwindigkeit reduzieren. Diese Geschwindigkeitsprüfung muss innerhalb einer bestimmten Zeit beziehungsweise auf einer bestimmten Strecke erreicht werden. Sollte der Lokführer die Wachsamkeitstaste nicht bedienen und die Geschwindigkeit nicht ausreichend reduzieren, wird automatisch eine Zwangsbremsung eingeleitet.

Etwa 150 bis 200 Meter vor einem Halt zeigenden Hauptsignal liegt zusätzlich ein aktiver 500-Hz-Magnet. An diesem Punkt muss eine Prüfgeschwindigkeit von 65, 50 beziehungsweise 40 km/h (je nach Zugart) unterschritten sein, die einen sicheren Halt vor dem Signal gewährleistet. Ist diese nicht erreicht, wird sofort eine Zwangsbremsung eingeleitet.

Direkt am haltgebietenden, roten Hauptsignal liegt als letzte Sicherung ein aktiver 2.000-Hz-Magnet, der beim Überfahren auf jeden Fall die sofortige Zwangsbremsung auslöst.

7.8.3 Die Linienzugbeeinflussung (LZB)

Als in den 1960er-Jahren die Streckengeschwindigkeiten immer mehr zunahmen, war bald klar, dass die gewöhnliche Indusi nicht mehr ausreichen würde. Sie war für Höchstgeschwindigkeiten von 160 km/h konzipiert, nach der sich vor allem die Signalabstände (Vorsignalabstand: 1.000 Meter) orientierten. Geschwindigkeiten über 160 km/h erfordern längere Bremswege und deshalb vergrößerte Vorsignalabstände. Eine spezielle Signalisierung für den Schnellverkehr scheidet aber aus Übersichtlichkeitsgründen aus. Deswegen entwickelte die Industrie für die DB die LZB.

Während die punktuelle Zugbeeinflussung (PZB) nur an neuralgischen Punkten ein Eingreifen des Systems ermöglicht, bietet die Linienzugbeeinflussung die permanente Möglichkeit, Ort und Geschwindigkeit eines Zuges zu überwachen. Zwischen den Schienen verläuft der so genannte Linienleiter. Er wird mit einer Wechselspannung von 36 kHz gespeist. Ein Empfängermodul ist im Triebfahrzeug so eingebaut, dass es sich stets genau über dem Linienleiter befindet. Die Signale aus dem Linienleiter werden auf der Lok ausgewertet. Umgekehrt sendet die Lok bei etwas höherer Frequenz (56 kHz) Informationen (Ort, Geschwindigkeit) an die Steuerzentrale. Eine LZB-Strecke ist in etwa zehn Kilometer lange Abschnitte unterteilt, die wiederum in 100 Meter lange Unterabschnitte gestückelt sind. Somit ist gewährleistet, dass ein LZB-Abschnitt ausreichend fein unterteilt ist, um den Ort des Zuges hinreichend genau darstellen zu können.

Der virtuelle Vorausblick für den Lokführer bei LZB beträgt bis zu 13.500 Meter.

7.8.4 European Train Control System (ETCS)

Da in Europa jedes Land über sein eigenes Zugsicherungssystem verfügt, andererseits die Bedeutung des raschen, grenzüberschreitenden Verkehrs zunimmt, hat die EU einen neuen Zugsicherungsstandard festgelegt, der sukzessive in den nächsten Jahrzehnten eingeführt werden soll: ETCS.

Im »Level 1« bleibt die Signalisierung wie bisher bestehen, anstelle der deutschen PZB-Gleismagnete werden Eurobalisen montiert. Interessant wird es ab »Level 2«, das derzeit auf wenigen Streckenabschnitten in Europa im Testbetrieb läuft und bei dem auf die Signalisierung am Gleis verzichtet werden kann. Der Lokführer erhält per GSM-R-Funk alle relevanten Streckeninformationen in den Führerstand, wo er sie auf Displays ablesen kann.

Hauptproblem bei ETCS sind derzeit die Umstellungskosten und der lange Übergangszeitraum, in dem mehrere Zugsicherungssysteme gleichzeitig auf den Loks installiert sein müssen. Außerdem muss im Falle des Systemausfalls auch eine Rückfallebene mit herkömmlichen Sicherungssystemen zur Verfügung stehen.

7.8.5 Horn & Glocke

Zu Warnzwecken haben Lokomotiven druckluftbetriebene Signalhörner. In manchen Ländern sind auch zusätzliche Glocken verbreitet.

7.8.6 Schleuder- und Gleitschutz

Spezielle Schleuderschutzgeräte versuchen, das Schleudern beziehungsweise Durchdrehen angetriebener Radsätze frühestmöglich zu erkennen. Schleudern tritt meist dann auf, wenn der Reibwert zwischen Rad und Schiene durch äußere Einflüsse, wie Feuchtigkeit, Eis oder Laub auf den Schienen, stark absinkt. Beim Schleudern kommt es zu einer Unterbrechung der Zugkraft, die Schäden am Gleis und in der Lok hervorrufen kann. Zum Durchdrehen der Räder kommt es meist beim Anfahren eines Zuges, es kann aber auch bei höheren Geschwindigkeiten zum Schleudern kommen, wenn sich die Beschaffenheit der Schienenoberfläche plötzlich ändert. Messeinrichtungen können die Drehzahlen der angetriebenen Radsätze untereinander vergleichen. Das Schleudern der Radsätze ist auch an den Motorströmen (bei parallel geschalteten Kollektormotoren) beziehungsweise -spannungen (bei in Reihe geschalteten Motoren) ablesbar.

Schleuderschutzgeräte können den Lokführer akustisch warnen, der dann selbst eingreifen muss. Eine einfache Lösung, die vom Triebfahrzeugführer allerdings anhaltende Aufmerksamkeit erfordert.

Erkennt er das Schleudern eines Radsatzes, betätigt er beispielsweise eine Taste, die dann in der Regel den betroffenen Radsatz mit Hilfe der pneumatischen Bremse abbremst, solange der Taster betätigt wird. Allerdings dauert die Reaktionskette von der Anzeige über das Wahrnehmen bis zur Tätigkeit des Triebfahrzeugführers unter Umständen mehrere Sekunden, in denen es bereits zu Schäden kommen kann.

Moderne elektronische Schleuderschutzeinrichtungen arbeiten selbsttätig und senken im Fall des Schleuderns automatisch die Motorleistung ab. Bereits nach kürzester Zeit, etwa einer Radumdrehung, die nötig ist, um das Schleudern zu diagnostizieren, reagiert das Schleuderschutzgerät und regelt in wenigen Zehntelsekunden die Leistung ab. Diese Schleuderschutzeinrichtungen sind heutzutage integriert in Systemen wie der automatischen Fahr- und Bremssteuerung (AFB), bei welcher der Lokführer nur noch eine Geschwindigkeit vorwählt und die Lok selbsttätig unter bestmöglicher Ausnutzung der Haftreibung beschleunigt.

Kommt ein Fahrzeug, egal ob Lokomotive oder Wagen, beim Bremsen ins Gleiten oder Blockieren der Räder, kann das für die Radreifen erhebliche Folgen haben. Schnell entstehen Flachstellen, die den Fahrkomfort erheblich reduzieren und einen vorzeitigen Besuch auf der Radsatzdrehbank nach sich ziehen. Kurz bevor die Räder zu blockieren beginnen, muss das Gleitschutzgerät die Bremse kurz lösen, die Bremswirkung lässt ein wenig nach und sobald das Gleiten beendet ist, wird automatisch wieder der vom Lokführer eingestellte Bremszylinderdruck aufgebaut.

E-Loks verfügen nicht immer über Gleitschutzgeräte, vor allem wenn sie überwiegend mit der elektrischen Bremse verzögert werden, ist ein Gleitschutz weniger bedeutend. Moderne Steuerungen besitzen in der Regel auch einen Gleitschutz.

7.8.7 Sandstreuanlage

Eine der ältesten Methoden zur Erhöhung der Haftreibung zwischen Rad und Schiene, vor allem beim Anfahren und Bremsen bei schlüpfrigen Bedingungen, ist bis heute Sand, der fein vor die Treibradsätze gestreut wird. Der Sand, der in kleinen Vorratsbehältern deponiert ist, wird mit Druckluft auf die Schiene geblasen. Beim Sanden ist wichtig, dass es vor dem Schleudern oder Gleiten stattfindet. Sobald ein Radsatz schleudert, darf nicht mehr gesandet werden, eine plötzliche Zunahme der Haftreibung könnte wegen der abrupten Krafteinwirkung schwere Schäden an Getriebe und Motoren hervorrufen.

Ein Sandbehälter der Baureihe 110, der unmittelbar vor der Achse hängt. Man erkennt gut das kleine Sandhäufchen unmittelbar vor dem Radsatz.

7.8.8 Der Führerstand

Der E-Lok-Führerstand soll dem Triebfahrzeugführer die Arbeit erleichtern, muss gute Streckensicht gewährleisten und alle während der Fahrt erforderlichen Bedienungs- und Überwachungseinrichtungen müssen installiert sein.

In den vergangenen knapp 100 Jahren hat sich der Führerstand einer E-Lok genauso grundlegend gewandelt wie die ganze Lokomotive. Waren etwa bis zum Zweiten Weltkrieg die Führerstände noch spartanische Arbeitsplätze, in denen es ziehen konnte, die mäßig beheizt waren und der Lokführer seine damals auch physisch anstrengende Arbeit stehend verrichten musste, so durfte der Triebfahrzeugführer in den Loks der Nachkriegsgeneration Platz nehmen.

Der Führerstand ist vom Maschinenraum durch Wände abgetrennt, bei modernen Loks sind die Verbindungstüren oft druckdicht. Das schützt den Führerstand vor Verschmutzung und reduziert den Schallpegel. Heutzutage sind Führerstände in der Regel klimatisiert. Die Scheiben müssen beheizbar sein, um ein Beschlagen zu vermeiden.

E-Loks mit zwei Endführerständen müssen über alle Einrichtungen, die zur Bedienung und Über-

Der Lokführer einer E 16 musste während der Fahrt stehen. Die Schalter und Instrumente strahlen Robustheit aus.

Viele DB-Lokführer haben unzählige Stunden auf dem Führerstand der Bügelfalten-110 verbracht.

Foto: Emersleben

Mit der französischen CC-7107 wurde im März 1955 der anschließend 51 Jahre lang ungebrochene Geschwindigkeits-Weltrekord für E-Loks von 331 km/h aufgestellt. Der Lokführer durfte im Führerstand bei den Fahrten wenigstens sitzen.

wachung während der Fahrt erforderlich sind, auf beiden Führerständen verfügen. Geräte, die nur im Stillstand beim Auf- oder Abrüsten der Lok nötig sind, können nur auf einem der beiden Führerstände eingebaut sein.

7.8.9 Batterie

Falls eine abgebügelte E-Lok längere Zeit gestanden hat, kann es sein, dass sich die Druckluftbehälter der Lok vollständig entleert haben. Um die Lok in Betrieb nehmen zu können, ist jedoch Druckluft nötig, um etwa den Stromabnehmer an die Fahrleitung legen zu können. Für diesen und andere Fälle besitzen Lokomotiven eine Batterie, die dann den Luftpresser versorgen kann.

Die wichtigsten Daten seiner Lokomotive und der Strecke werden dem Lokführer auf einer Traxx-P160AC2 auf mehreren Displays dargestellt.

Den aktuellen Stand der Technik repräsentieren die Traxx-Führerstände von Bombardier. Der gesamte Führerstandstisch wird bei Bombardier in Kassel außerhalb der Lok montiert und anschließend im Wagenkasten installiert.

Made in ČSSR, bei Skoda, ist der Führerstand der Mehrsystem-Baureihe 230, der heutigen BR 180, von der die DR insgesamt 20 Stück bestellte.
Foto: Emersleben

8 Die Bahnstrom-versorgung

Wie ein Dach wirkt das dichte Oberleitungsgewebe auf dieser Aufnahme in Köln.
Foto: Emersleben

8.1 Die Oberleitung

Die Energieversorgung der E-Lok erfolgt außer bei batteriegetriebenen Fahrzeugen meist über eine Oberleitung, im Regional- (z. B. England), S- und U-Bahn-Verkehr auch über eine seitliche Stromschiene.
Anfangs dienten gar die metallenen Schienen wie bei der DC-Modellbahn zur Stromhin- und -rückleitung. Davon nahmen die Ingenieure bald aus Sicherheitsgründen Abstand und verwendeten die Schienen lediglich zur Stromrückleitung.
Schon früh reifte die Idee, den Strom über eine Drahtoberleitung den Lokomotiven zuzuführen. Die Einfachfahrleitung war geboren. Zwischen Masten in regelmäßigen Abständen hängt der unter Spannung stehende Fahrdraht.
Eine solche Einfachfahrleitung ist aber bereits bei Geschwindigkeiten von zirka 50 km/h ausgereizt. Damit E-Loks mit höheren Geschwindigkeiten fahren können, muss gewährleistet sein, dass der Kontakt zwischen Stromabnehmer und Fahrdraht nicht unterbrochen wird. Eine Störung führt zu Lichtbögen und Zugkraftunterbrechungen.

Die Anforderungen an die Fahrleitung sind anspruchsvoll: Zunächst muss sie die fließenden Ströme ohne große Verluste leiten, das heißt, es muss ein Optimum zwischen Materialleitfähigkeit und Fahrdrahtquerschnitt gefunden werden. Der Querschnitt ist deshalb so wichtig, weil er für das Gewicht der Fahrleitung entscheidend ist. Das Gewicht sollte sowohl aus mechanischen und wirtschaftlichen Gründen möglichst gering sein. Weiter muss der Fahrdraht glatt sein, damit es nicht zu zusätzlicher Reibung mit den Stromabnehmerschleifleisten oder einem Verhaken kommt. Die Fahrleitung muss elastisch sein, sollte jedoch nicht in Schwingungen geraten, was aber nie gänzlich zu vermeiden sein wird.
Ein Oberleitungssystem ist deshalb stets ein Kompromiss.
Ein gewisser Durchhang zwischen den Aufhängepunkten wird sich beispielsweise nicht vermeiden lassen. In der Mitte zwischen zwei Auf-

Gerade im Weichenbereich sind bei der seitlichen Stromschiene häufig aufwendige Konstruktionen nötig. Foto: Emersleben hängungspunkten ist die Fahrleitung weicher und elastischer und das ganze System vor allem bei aufwendigeren Kettenfahrleitungen ist ein schwingungsfähiges System.

Von diesen Kriterien unabhängig, hängt die Fahrleitung in erheblichem Maß von Umwelteinflüssen ab, so dehnt sich der Fahrdraht bei hohen Temperaturen aus, während sich die Länge im Winter bei Minusgraden verringert. Der Fahrdraht ist überdies (seiten-) windempfindlich.

Zum Schluss spielt die Wirtschaftlichkeit noch eine bedeutende Rolle. Gerade in der aktuellen Zeit mit stetig steigenden Stahl- und Buntmetallpreisen spielt es im wahrsten Sinne des Wortes eine gewichtige Rolle, ob der Abstand zwischen zwei Masten beispielsweise 50 oder 100 Meter beträgt oder ob der Kupferbedarf für den Fahrdraht pro Kilometer zehn Prozent höher oder niedriger ausfällt.

Die Neigetechnik der 411-Triebwagen (ICE-T) der DB AG und ihre Höchstgeschwindigkeit von 230 km/h stellen eine besondere Herausforderung für das sichere Zusammenwirken zwischen Stromabnehmer und Oberleitung dar. Foto: Emersleben

Ein Fahrleitungsmontagezug der DR im Einsatz: Das Besondere ist in diesem Fall die Diesellok 106 129, eine V 60 mit einem Dachstromabnehmer, der allerdings funktionslos war und lediglich der Kontrolle der Fahrdrahthöhe diente. Foto: Emersleben

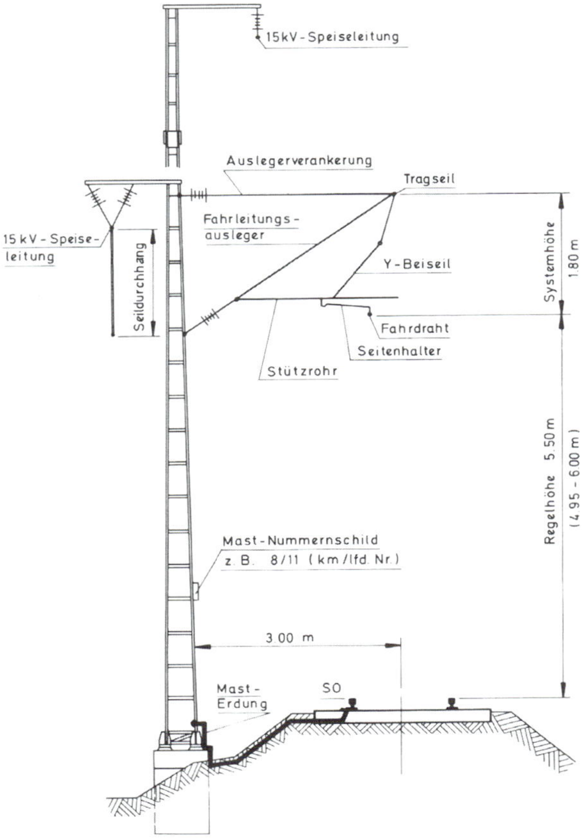

Der prinzipielle Aufbau einer Fahrleitung am Beispiel der DB-Regelfahrleitung

Der Fahrdraht besitzt an der Seite Rillen, in denen er eingeklemmt wird.

Die Einfachfahrleitung wurde schon früh, Anfang des 20. Jahrhunderts, von der so genannten Kettenfahrleitung abgelöst. Der Fahrleitungsdraht ist dort nicht unmittelbar am Mastausleger, sondern mittels Hängern am Tragseil befestigt. Die Hänger befinden sich im Abstand von wenigen Metern und dienen vor allem dazu, den Durchhang des Fahrdrahtes zu minimieren. Der Abstand zwischen Tragseil und Fahrdraht ist nicht an allen Orten gleich. In der Mitte zwischen zwei Masten ist er am geringsten und am größten in Mastnähe. Das gesamte Gebilde aus Fahrdraht, Hängern und Tragseil wird Kettenfahrleitung genannt.

Ein Fahrdrahtsegment ist etwa 1,5 Kilometer lang und nach dieser Länge werden Tragseil beziehungsweise Fahrdraht oder beide gemeinsam mit Gewichten abgespannt und auf Zug gehalten. Damit kann vor allem die Längenausdehnung bei unterschiedlichen Temperaturen in Grenzen reguliert werden. Längere Fahrdrahtsegmente sind wegen der maximal zulässigen Längenausdehnung nicht möglich, denn üblicher Kupferdraht zeigt einen Längenunterschied von beinahe zwei Metern auf 1,5 Kilometern bei einem Temperaturunterschied zwischen -30°C und +40°C.

Der Fahrleitungszickzack ist aus der Lokführerperspektive am besten zu erkennen. Foto: Emersleben

Selbst das Aufstellen von Quertragwerken, wie hier im polnischen Runowo, garantiert keine perfekte Sicht auf die Signale. Foto: Emersleben

In Oostende ist die markante 2115 der belgischen Bahngesellschaft SNCB/NMBS am 28. Februar 2000 mit ihrem Intercity abfahrbereit. Man erkennt, dass der 3000 V-Gleichstrom-Fahrdraht über der Lok zweiadrig ausgeführt ist.

Der meist bewegliche Mastausleger trägt das Tragseil, von ihm geht ein Seitenhalter ab, der für die Zick-Zack-Führung des Fahrdrahtes sorgt, die eine Rillenbildung in den Stromabnehmer-Schleifstücken verhindert. Die spannungsführenden Fahrleitungsteile sind mit Isolatoren gegen den Mast isoliert. Dort, wo kein Platz für Masten ist, oder mehrere Gleise der Einfachheit halber von zwei Masten überspannt werden können, auch um die Sichtverhältnisse für den Lokführer zu verbessern, werden so genannte Quertragwerke eingesetzt.

Im Lauf der Zeit wurden sehr viele unterschiedliche Fahrleitungstypen entworfen und immer wieder verbessert. Das größte Problem war anfangs die feste Aufhängung des Fahrdrahtes an den Mastauslegern. Das Schleifstück des Stromabnehmers läuft, wenn sich der Fahrdraht aufgrund tieferer Temperaturen verkürzt, ein wenig nach unten, bis es zum Abstützpunkt am Mast gelangt, dort macht der Fahrdraht einen Richtungswechsel, das Schleifstück muss jetzt aufwärts laufen. Bei hoher Geschwindigkeit macht der Stromabnehmer diesen abrupten Wechsel jedoch nicht mit und verliert kurzzeitig den Kontakt. Erst die Einführung des so genannten Y-Beiseils löste das Problem und erlaubte höhere Geschwindigkeiten. Das Y-Beiseil ist eine spezielle Aufhängung beiderseits des festen Stützpunktes (Mast). Es wirkt federnd und wie ein zweites Tragseil.

Insgesamt sollte eine Fahrleitung wenige feste Punkte aufweisen, an denen der Stromabnehmer Gefahr laufen könnte, den Kontakt zu verlieren.

Während die Wechselstromfahrleitung wegen der vergleichsweise geringen Ströme einpolig ausgeführt ist, sind Gleichstromfahrleitungen oft zweiadrig.
Bestimmend für die Höchstgeschwindigkeit, die unter einer Fahrleitung gefahren werden kann, ist die so genannte Wellenausbreitungsgeschwindigkeit. Fahrleitungen können heute für Geschwindigkeiten bis 400 km/h gebaut werden und wenn es sein muss im Ausnahmefall auch bis 574,8 km/h.
Seit einigen Jahren wird vermehrt auch eine starre Stromschienenoberleitung genutzt. Der große Vorteil ist die geringere Bauhöhe, was diese Oberleitung vor allem für den Tunneleinsatz prädestiniert. Diese Oberleitungsbauart ist zwar kostspieliger als eine gewöhnliche, aber die Ersparnisse, die durch kleinere Tunnelquerschnitte erzielt werden können, sind höher.
Fahrleitungsnetze sind in einzelne Abschnitte untergliedert, damit etwa bei Beschädigung der Fahrleitung der betroffene Bereich isoliert werden kann und nicht der Verkehr im gesamten Netz zum Erliegen kommt. Außerdem wird jeder Abschnitt von verschiedenen Unterwerken gespeist. Zwischen den Abschnitten sind in der Regel spannungslose Schutzstrecken, die von der Lokomotive beziehungsweise dem Zug mit Schwung durchfahren werden müssen.
Die Schienen als Rückleitungssystem dürfen nicht vernachlässigt werden: Wichtig ist ein geringer elektrischer Widerstand, um so genannte vagabundierende Ströme durch das Erdreich zu vermeiden. Geschweißte Schienen sind besser als geschraubte, trotzdem werden Schienenstöße oftmals zusätzlich noch mit Kupferbändern leitend verbunden. Bei Gleichstrombahnen können vagabundierende Ströme zerstörende Prozesse aufgrund von Elektrolyse einleiten.

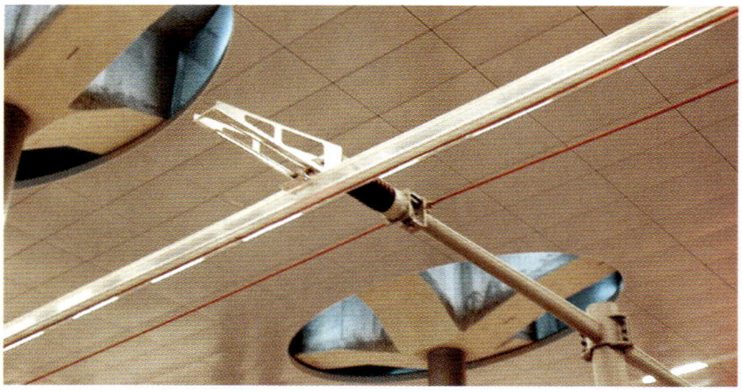

Beim Bau der Tunnelstrecke zum neuen Berliner Hauptbahnhof wurde eine starre Oberleitung eingebaut.

Vorreiter der Bahnelektrifizierung war die Schweiz und das galt auch für Schmalspurstrecken. Ein Zug der Stansstaad-Engelberg-Bahn überquert im Jahr 1905 die Druckleitungen des E-Werkes Obermatt. Foto: BBC

8.2 Bahnstromversorgung

Es ist kein Zufall, dass die Bahnelektrifizierung in Mitteleuropa im späten 19. und frühen 20. Jahrhundert in der Schweiz, Österreich, Süd- und Mitteldeutschland begann. Neben dem erforderlichen technologischen Know-how war dort vor allem die neue Energiequelle Elektrizität leicht und preiswert zugänglich. Waren es in den Alpenregionen vor allem Wasserkraftwerke, die die Elektrifizierung der Eisenbahn ermöglichten, so erlaubten in Mitteldeutschland ausgedehnte Braunkohlereviere die Produktion günstigen Stroms.
Als die Bahnelektrifizierung einsetzte, stand das Industrie- und Haushaltsstromsystem bereits fest. Der Strom, der in den Kraftwerken produziert wurde, war ein dreiphasiger Drehstrom mit einer Frequenz von 50 Hz, die so genannte Industriefrequenz. Weder Drehstrom, noch Einphasen-Wechselstrom von 50 Hz waren damals für den Bahnverkehr geeignet.
So wurden anfangs vor allem in Ländern, die das $16^2/_3$-Hz-Wechselstromsystem nutzen, eigene Bahnstrom-Kraftwerke gebaut und ein eigenes Verteilungsnetz aufgebaut. Dies wird als zentrale Form der Bahnstromversorgung bezeichnet.
Länder, die ihre Bahnen mit Gleich- beziehungsweise Dreh- oder später Wechselstrom in der In-

In den kleinen Niederlanden mit den kurzen Entfernungen und dem dichten Versorgungsgrad mit elektrischer Energie fällt der Nachteil der 1.500-V-Gleichstrombahnversorgung mit geringen Unterwerksabständen nicht so sehr ins Gewicht.

Vor- und Nachteile der Stromsysteme

Gleichstrom kann aus dem Landesnetz bezogen werden. Allerdings sind aufwendige Gleichrichter-Unterwerke nötig, die in kurzen Abständen folgen müssen. Bei einer Fahrdrahtspannung von 1,5 kV liegt der Abstand etwa zwischen 10 und 25, bei 3 kV zwischen 10 und 40 Kilometern. Außerdem erfordert die Fahrleitung wegen der hohen Ströme einen großen Querschnitt oder eine zweiadrige Ausführung und ist deshalb schwer und teuer.

Drehstrom ist einfach aus dem Landesnetz zu beziehen und es sind lediglich schlichte Transformatoren in den Unterwerken erforderlich. Der entscheidende Nachteil ist jedoch die komplizierte, mindestens zweipolige Fahrleitung.

Der einphasige Wechselstrom mit Industriefrequenz ist ebenfalls aus dem Landesnetz zu beziehen, auch dafür sind lediglich Transformator-Unterwerke nötig. Die größten Vorteile liegen im großen Unterwerksabstand bis 80 Kilometer bei der üblichen Fahrdrahtspannung von 25 kV und im kleinen Fahrleitungsquerschnitt wegen der niedrigen fließenden Ströme.

Anders sieht es bei den $16^2/_3$-Netzen aus: zwar sind auch hier ein günstiger Fahrdrahtquerschnitt und große Unterwerksabstände möglich, aber die verminderte Frequenz erfordert zahlreiche Sondermaßnahmen, meist eigene Kraftwerke oder zumindest eigene Maschinensätze in Großkraftwerken. Ein eigenes Bahnstromsystem schafft zwar Unabhängigkeit, ist aber kostspielig im Aufbau. Der Austausch mit dem Landesnetz ist nur über Umformer- oder Umrichtergruppen möglich. Im Falle der dezentralen Versorgung müssen in den Unterwerken komplizierte rotierende Umformer oder statische Umrichter eingebaut sein. Vor allem die rotierenden Umrichter sorgen für zusätzliche Energieverluste und so für einen verminderten Wirkungsgrad.

dustriefrequenz elektrifizierten, benötigten keine spezielle Bahnstromversorgung. Sie nutzten das Landesdrehstromnetz. Aber auch aus dem Landesnetz können $16^2/_3$-Hz-Bahnen über Umformer, wie etwa in Skandinavien üblich und auch in Deutschland, vor allem in den neuen Bundesländern, Energie beziehen. Wird der Bahnstrom aus dem Landesnetz bezogen, spricht man von dezentraler Versorgung.

Unter den heutigen technischen Vorraussetzungen käme wohl niemand mehr auf die Idee, ein größeres Land mit einem eigenständigen Bahnstromnetz auszustatten, der Aufwand wäre wirtschaftlich kaum zu vertreten.

Mehrere Großkraftwerke in Deutschland besitzen neben den gewöhnlichen 50 Hz-Generatorsätzen eigene Generatoren, die Bahnstrom erzeugen. Der weltweit größte Generator für Einphasenwechselstrom steht im Kernkraftwerk Neckarwestheim, Block 1, das im Rahmen des in Deutschland beschlossenen Ausstiegs aus der Atomwirtschaft auf der akuten Stilllegungsliste für Atomkraftwerke steht und schon 2009 endgültig vom Netz gehen soll!

Die Generatoren zur Erzeugung des $16^2/_3$-Hz-Bahnstroms sind spezielle Einphasen-Synchronmaschinen. Eine weitere Besonderheit bei der Erzeugung des einphasigen Wechselstroms ist, dass die an das Netz abgegebene Leistung mit der doppelten Netzfrequenz pulsiert und folglich auch das Drehmoment des Generators, der mit $33^1/_3$ Hz vibriert.

Bei Gleichstrombahnen befanden sich in den Unterwerken früher Quecksilberdampf-Gleichrichter, längst haben jedoch, ähnlich wie auf den Lokomotiven, Halbleiterbauteile diese Aufgabe übernommen. Im Wechselstromfall findet man bei zentraler $16^2/_3$-Hz-Versorgung lediglich einen Trafo, der die Spannung vom Übertragungswert 110 kV auf das Fahrdrahtniveau 15 kV herabsetzt. Bei dezentraler Versorgung kommt noch der Umrichter hinzu.

Die Unterwerke sind in der Regel in unmittelbarer Nähe der Fahrleitung. Von dort werden oft mehrere Einspeisungspunkte versorgt. Jeder Fahrleitungsabschnitt ist mit einem Schnellschalter ausgerüstet, der im Falle eines Kurzschlusses den Abschnitt abschalten und isolieren kann.

Auch wenn das $16^2/_3$-Hz-Netz hierzulande relativ groß und leistungsstark ist, so ist eine Verbindung zum ungleich größeren 50-Hz-Landesnetz eine gewisse Absicherung. Die Netzkupplung, die Verbindung beider Netze, ist nicht trivial: Erste

Mitten auf der grünen Wiese befindet sich die deutsch-schweizerische Trennstelle auf der Strecke zwischen Schaffhausen und Singen. Das Schild signalisiert dem Lokführer, dass er den Hauptschalter einschalten muss.
Foto: Kiebler

Voraussetzung ist eine gewisse Elastizität, so dass der Energietransfer in beide Richtungen stattfinden kann. Beim Energieaustausch darf es nicht zu nennenswerten Verlusten kommen.
An den Kuppelstellen befindet sich in der Regel eine Synchronmaschine auf der einphasigen Seite des Netzes und drehstromseitig eine Asynchronmaschine. Die verstärkte Netzkupplung und die Stabilität der beiden Netzfrequenzen $16\frac{2}{3}$ und 50 Hz führten zu unzulässigen Temperaturerhöhungen in der Asynchronmaschine der Kupplung. Dies konnte beseitigt werden, indem der Sollwert der Bahnspannungsfrequenz geringfügig um 0,2% von $16\frac{2}{3}$ auf 16,7 Hz verstimmt wurde.
Problematisch ist die stets asymmetrische Belastung des dreiphasigen Drehstromnetzes durch den Bahnstrom, der nur einphasig ist. Große Netze können kleine asymmetrische Belastungen gut kompensieren, dennoch sind sie so weit wie möglich zu vermeiden. Deshalb muss bei Speisung aus dem Drehstromnetz dafür gesorgt werden, dass alle drei Phasen gleichmäßig belastet werden.
Das Thema Oberschwingungen trat ja bereits an früherer Stelle schon einmal auf, da gerade das Aufkommen der Halbleiterbauteile in Lokomotiven für zahlreiche Probleme diesbezüglich sorgte. Oberwellen verschlechtern vor allem den Leistungsfaktor und somit den Wirkungsgrad der Lokomotive. Oberwellen bestimmter Frequenzen können aber auch Fernmeldeeinrichtungen stören oder die Funktionsfähigkeit von Sicherheitseinrichtungen wie die Gleisbesetztmeldekreise beeinträchtigen.

Die Rhätische Bahn nutzt $16\frac{2}{3}$-Hz-Wechselspannung mit 11.000 Volt. Zu einer Besonderheit kommt es in Chur: Auf der Arosa-Linie fährt die RhB ein kurzes Stück durch die Innenstadt von Chur quasi wie eine Hochspannungs-Straßenbahn.

Glossar

- **Anfahr-, Stunden- oder Dauerzugkraft** (beziehungsweise Anfahr-, Stunden- oder Dauerleistung): Die Leistungsfähigkeit elektrischer Maschinen wird zu einem großen Teil von ihrer thermischen Belastbarkeit bestimmt. Ein großer Vorteil ist, dass sie kurzfristig relativ stark überlastet werden können, ohne gleich Schaden zu nehmen, im Gegensatz etwa zu Dieselmotoren oder Dampfmaschinen. Deshalb findet man im Zusammenhang mit E-Loks häufig die Angaben Anfahrzugkraft (beziehungsweise -leistung), Stundenzugkraft und Dauerzugkraft. Die Anfahrzugleistung kann bis zum Doppelten der Stundenleistung betragen. Diese Leistung können Motoren allerdings nur für wenige Minuten liefern ohne zu überhitzen. Wie der Name besagt, ist die Stundenleistung jene Leistung, die über den Zeitraum einer Stunde abgegeben werden kann, bevor der Motor zu hohe Temperaturen erreicht und die Dauerzugkraft ist jene Zugkraft, die ohne zeitliche Beschränkung vom Motor entwickelt werden kann.
- **Arbeit:** Wenn an einer Masse eine Kraft wirkt und sich die Masse um eine Wegstrecke bewegt, dann wird mechanische Arbeit verrichtet. Unter dem Begriff Arbeit versteht ein Physiker das Produkt von Kraft und Weg.
  $W = F \cdot s$
  Arbeit [W] = Kraft [N] · Weg [m] = [Nm] = [J]
  Die Einheit der Arbeit ist das Joule.
  Es gibt aber auch elektrische Arbeit:
  $W = U \cdot Q = U \cdot I \cdot t$. Elektrische Arbeit ist das Produkt von Ladung und Spannung
- **Ausschaltstrom:** Beim Abschalten elektrischer Geräte oder der Unterbrechung eines Stromkreises treten meist Abschaltströme auf. Grund dafür sind Induktivitäten (Spulen) oder Kapazitäten (Kondensatoren) in den Stromkreisen, die elektrische Energie speichern und nach dem Abschal-

Damit der Lokführer seine Fahrmotoren nicht überlastet, werden ihm unmittelbar am Handrad die Maximalströme, die zulässige Zeit und die zugehörige Geschwindigkeit auf einer Tabelle angezeigt. Da es sich bei der Lok um eine Zweifrequenz-181.2 der DB AG für den Frankreich-Verkehr handelt, auch auf Französisch.

ten diese Energie dem Stromkreis zurückgeben und so den Stromkreis aufrechterhalten.

- **Bürsten:** Die Bürsten führen beim Kollektormotor dem Motorläufer den Strom zu. Sie schleifen auf den Kollektorlamellen und überbrücken in der Regel zwei bis drei Lamellen. Als Bürstenmaterial hat sich Kohle durchgesetzt, die den besten Kompromiss aus Leitfähigkeit, Festigkeit und Verschleiß darstellt. Ein willkommener Nebeneffekt ist die Schmierung und somit die Herabsetzung des Reibwertes zwischen Kollektorlamellen und Bürsten. Die Kohlebürsten sind häufig geteilt, da sie mehrere Lamellen überstreichen und dadurch Läuferwicklungen kurzschließen. Vom Bürstenhalter müssen sie mit möglichst gleich bleibender Kraft auf den Kollektor gedrückt werden. Ein Kollektormotor verfügt über rund ein Dutzend Bürstenhalter, (je nach Zahl der Motorpole) in denen mehrere Bürsten befestigt sind. Wichtig ist, dass die Bürsten möglichst parallel zu den Lamellen und radial befestigt sind. Die Bürstenhalter sind im Bürstenhalterring befestigt, der im Motorgehäuse gelagert ist.
- **Drehmoment:** Das Drehmoment beschreibt die Wirkung der Kraft in Abhängigkeit von der Entfernung von einem Drehpunkt. Das Drehmoment ist abhängig von der wirkenden Kraft und vom senkrechten Abstand vom Drehpunkt:
  $T = F \cdot r$
  Drehmoment [T]= Kraft · senkrechtem Abstand von der Drehachse [m] = [Nm].
  Drehmoment und Arbeit haben zwar die gleiche Dimension Nm, dürfen aber nicht gleichgesetzt werden. Die Arbeit ist eine so genannte skalare Größe, während das Drehmoment eine vektorielle Größe und deshalb gerichtet ist.
- **Dreiecks- und Sternschaltung:** Normalerweise bräuchte man, um einen Dreiphasenstrom fortleiten zu können, drei Leitungspaare. Man kann die Spulen so anordnen, dass mehrere Leitungen verkettet werden können. Man spricht von der Sternschaltung, wenn die Spulen so geschaltet sind, dass es drei Außenleiter R, S und T sowie einen Mittelpunkts- oder Nulleiter M gibt. Bei der Dreiecksschaltung sind die Spulen in Reihe geschaltet und die Ströme verkettet. Es gibt nur die drei Leiter R, S und T.
- **Drossel (-spulen):** sind Bauteile, bei denen es vor allem auf die induktiven Eigenschaften ankommt. Es sind in der Regel Spulen mit oder ohne Eisenkern, je nach benötigter Induktivität. Drosseln dienen vor allem der Glättung von Wechselspannungen, als Frequenzfilter und Phasenschieber.
- **Energie:** Energie ist gespeicherte Arbeit, deshalb haben Arbeit und Energie auch dieselbe Einheit, das Joule. Bei der so genannten potentiellen Energie oder Lageenergie steckt die Speicherung bereits im Namen. Beim Fallen wird potentielle Energie in kinetische Energie (Bewegungsenergie) gewandelt. Energie ist eine physikalische Zustandsgröße, die nicht verbraucht wird. Am Ende aller Energietransformationen wird Wärme erzeugt. Die Gesamtenergiemenge bleibt jedoch konstant. Energie ist eine so genannte Erhaltungsgröße.
- **Fahrleitungssignale:** Es gibt in Deutschland sechs Schilder im Eisenbahnverkehr, die nur Lokführer auf Oberleitungs-Triebfahrzeugen zu beachten haben: die Fahrleitungssignale El1 bis El6. El1 weist den Lokführer an, den Hauptschalter auszuschalten, El2 erlaubt es ihm, ihn wieder einzuschalten. El3 ist das »Bügel ab«-Ankündigungssignal und zeigt das Kommen des Signals El4 an, das den Befehl zum Senken des Stromabnehmers gibt. El5 erlaubt das Heben des Stromabnehmers und El6 zeigt das Ende einer Oberleitungsstrecke an.
- **Getriebeschutzkasten:** Bei vielen Lokomotiven befinden sich das Getrieberitzel und das Großrad in einem gemeinsamen Schutzkasten, der das Getriebe vor Verunreinigungen und Beschädigungen schützt.
- **Kommutator:** Der Kommutator ist der Stromwender, der dafür sorgt, dass sich der Motor durch Umpolung kontinuierlich in einer Richtung dreht. Er befindet sich auf der Läuferwelle. Auf dem Kommutatorkörper befinden sich oft mehrere 100 Lamellen, die gegen den Kommutatorkörper isoliert sind. Zwischen Läuferspulen und Lamellen sorgen die Kommutatorfahnen für die elektrische Verbindung. Die maximale Umfangsgeschwindigkeit des Kommutators liegt bei rund 50 ms^{-1}.
- **Kondensator:** Er ist eines der wichtigsten elektronischen Grundbauteile. Er ist in der Lage, Ladungen zu trennen sowie zu speichern und dient als Energiespeicher, oder Filter für Wechselspannungen und vieles mehr.

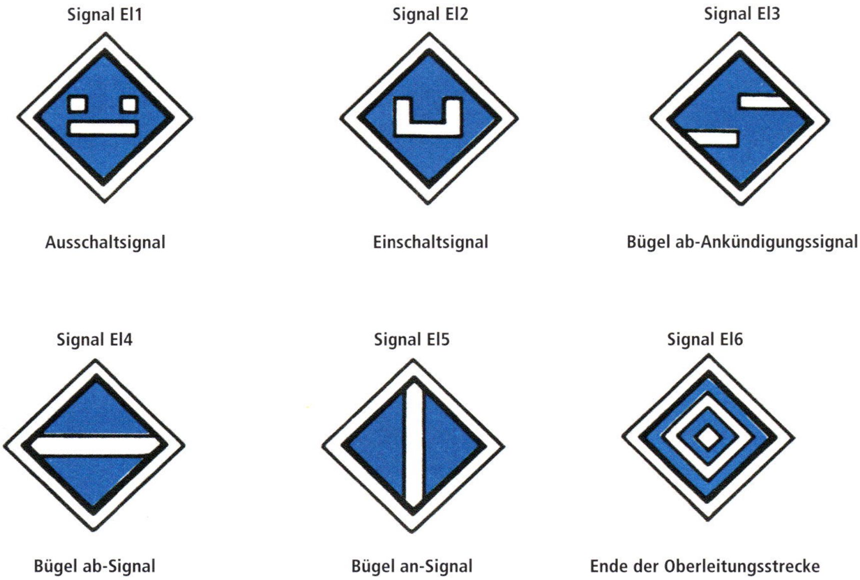

Die Fahrleitungssignale El1 bis El6.

- **Kraft:** Ein Körper ist bestrebt in seinem aktuellen Zustand zu verharren, er ist träge. Ein ruhender Körper wird sich nicht von selbst bewegen und ein gleichförmig bewegter Körper beharrt in seiner Bewegung (Newtons 1. Gesetz). Wird ein Gegenstand aus seinem aktuellen Zustand abgelenkt, erfährt er eine Beschleunigung. Diese Beschleunigung kann positiv oder negativ sein. Eine positive Beschleunigung führt zu einer Geschwindigkeitserhöhung und eine negative zu einer Geschwindigkeitsreduzierung (Bremsen). Aber es ist nicht nur der Wert der Beschleunigung, der über die Stärke einer Kraft entscheidet. Auch die Masse des beschleunigten Körpers ist entscheidend. Zusammengefasst heißt das:
  $F = m \cdot a$
  Kraft [F] = Masse [kg] · Beschleunigung [$m \cdot s^{-2}$] = N (Newton).
- **Kurzschluss:** Von einem elektrischen Kurzschluss spricht man, wenn es zu einer beinahe widerstandslosen Verbindung leitfähiger Teile kommt. Im Falle eines Kurzschlusses sinkt zwischen den betroffenen Teilen die Spannung auf nahe Null, dafür steigt die Stromstärke sehr stark an, meist auf ein Mehrfaches der Betriebsstromstärke und verursacht entsprechende Schäden.
- **Laufachse, Laufdrehgestell** (Bissel-, Adams-, Krauss-Helmholtz-Achse/-Gestell): Bei den ersten E-Loks verwendeten die Konstrukteure häufig Laufachsen und Laufdrehgestelle zur Verbesserung der Fahreigenschaften und zur Aufnahme eines Teils des Fahrzeuggewichtes. Laufachsen sind aktiv an der Führung des Fahrzeugs beteiligt. Im so genannten Krauss-Helmholtz-Gestell sind beispielsweise die nicht angetriebene Laufachse und die erste angetriebene Achse zu einem Lenkgestell zusammengefasst. Befährt eine E-Lok eine Kurve und schwenkt die Laufachse aus, wirkt sich das unmittelbar auf die angetriebene Achse aus, die seitlich verschoben wird. Diese Führung bot ein ruhigeres Fahrverhalten und erlaubte höhere Geschwindigkeiten.
- **Leistung:** Leistung ist zeitabhängige Arbeit. Sie beschreibt, in welcher Zeit Arbeit erbracht wird. Für die Leistung ist es entscheidend, ob ein 750-Tonnen-Zug sein Ziel in einer halben Stunde oder in einer Stunde erreicht. Die verrichtete Arbeit ist in beiden Fällen dieselbe, aber

die Leistung ist unterschiedlich. Der schnellere Zug erbringt die doppelte Leistung.

$P = W \cdot t\text{-}1$

Leistung [P] = Arbeit [W] · Zeit^{-1} [s^{-1}] = [Nms^{-1}] = [W]

Die Einheit der Leistung ist das Watt.

- **Leistungsfaktor:** Er gibt das Verhältnis von Wirk- zu Scheinleistung in einem Wechselstromkreis an. Im Idealfall beträgt er 1, dann ist die Schein- gleich der Wirkleistung und es wird keine Blindleistung entnommen.
- **Relais:** Durch Einwirken einer physikalischen Größe (Spannung, Strom, Temperatur) schaltet es Stromkreise. Relais können zu Schalt- oder Messzwecken eingesetzt werden.
- **Remanenz:** Ein wichtiges Phänomen ist die beim Abschalten des Spulenstroms auftretende Remanenz im Eisenkern. Die Weißschen Bezirke verlieren ihre räumliche Orientierung nicht vollständig, wenn das äußere Magnetfeld, das sie ausrichtet, nicht mehr existiert. Auf diese Art werden auch künstliche Dauermagnete erzeugt. Um das Eisen zu entmagnetisieren, müsste man einen Strom in die entgegengesetzte Richtung durch die Spule schicken.
- **Richtungswender:** Um eine E-Lok vorwärts und rückwärts fahren zu können, wird die Richtung des Motorstroms in den Erreger- oder Läuferwicklungen umgepolt und so seine Drehrichtung geändert. Jeder Motor muss einzeln umgepolt werden, die Umpolung muss synchron erfolgen und darf nur im Stillstand durchgeführt werden. Der Lokführer kann die Fahrtrichtung vom Führerstand aus wählen, die Steuerung erfolgt meist elektropneumatisch oder -magnetisch. Deshalb werden die Einzelschalter in Fahrtrichtungswendern, die Motorgruppen zugeordnet sind, zusammengefasst. Weil Richtungswender keine Leistungsschalter sind und nur stromlos schalten, können sie relativ klein ausgeführt werden. Es gibt sie in den unterschiedlichsten Ausführungen. Die Richtungswender arbeiten in Kombination mit Motortrennschützen, die die Last ein- und abschalten.
- **Scheinleistung:** Für die Leistungsberechnung in einem Wechselstromkreis ist es notwendig zu wissen, wie die Phasenlage von Strom und Spannung ist und ob nichtsinusförmige Ströme vorliegen. Vereinfacht gesagt ist die Scheinleistung die geometrische Summe aus Wirk- und Blindleistung: $S = U_{eff} \cdot I_{eff} = \sqrt{(P^2 + Q^2)}$.
  Um die Scheinleistung von der Wirkleistung auf den ersten Blick unterscheiden zu können, hat man auch eine eigene SI-Einheit eingeführt: das VA. Ein VA ist auch ein Watt, aber es wird empfohlen, das W für Watt nur für die Angabe von Wirkleistungen zu benutzen. Blindleistungen werden in Var angegeben.
- **Schütz:** Ein Schütz ist ein besonderer Leistungsschalter für hohe Ströme und Spannungen, der für Fernbetätigung sowie häufige Schalttätigkeit konzipiert ist und elektromechanisch oder elektropneumatisch bedient wird. Das Schütz muss schnell schalten und in der Regel über eine Einrichtung verfügen, die den beim Schaltvorgang entstehenden Lichtbogen rasch löscht. Schütze haben deshalb eine magnetische Blaseinrichtung mit einer Funkenkammer.
- **Weißsche Bezirke:** Ferromagnete besitzen als kleinste magnetische Grundstruktur makroskopisch messbare Kristallbereiche, die so genannten Weißschen Bezirke. Wird ein Ferromagnet in ein Magnetfeld gebracht, so richten sich die Weißschen Bezirke wie kleine Stabmagneten nach dem äußeren Feld aus. Wird das äußere Feld abgeschaltet, hängt es vom Material ab, wie stark die aufgeprägte Orientierung erhalten bleibt.
- **Wirbelströme:** In massiven Leitern, die sich in einem magnetischen Wechselfeld befinden oder in einem Magnetfeld bewegen, beziehungsweise von ihm partiell durchsetzt werden, können induzierte Ströme, die Wirbelströme, auftreten. Die Wirbelströme arbeiten gegen das erzeugende Magnetfeld und können so als effektive Bremse genutzt werden. Wirbelströme verursachen jedoch dort, wo sie auftreten, starke, meist unerwünschte Erwärmungen (Joulesche Wärme). Betroffen sind Eisenkerne und Joche in Transformatoren, Motoren und Generatoren. Man kann die Stärke der Wirbelströme verringern, indem die Massivität der Eisenteile minimiert wird. Dazu werden Eisenkerne und Joche geblecht aufgebaut, das heißt aus dünnen Lagen Eisenblech, die elektrisch voneinander durch Lack oder Papier isoliert sind.

Museumsführer

E-Loks werden als Exponate in Eisenbahnmuseen immer wichtiger, auch wenn sie beim Publikum (leider und zu Unrecht) noch nicht das gleiche Interesse wecken wie Dampfloks.
Nachdem die erste Generation, die Altbau-E-Loks, vor gut zwei Jahrzehnten abtraten, schicken sich in Deutschland jetzt die Einheitsloks an, die Museumsdepots zu füllen. So wächst der E-Park in den Museen immer mehr und zu den Ausstellungsstücken gehören längst auch Legenden wie die 103.
Einige Eisenbahnmuseen haben sich inzwischen ganz hübsche Sammlungen zugelegt und präsentieren ihre Schätze auch stolz der Öffentlichkeit.
Natürlich sind alle an dieser Stelle genannten Termine (Stand Sommer 2007) und Exponate ohne Gewähr. Die Öffnungszeiten können sich jederzeit ändern und auch viele Ausstellungsstücke sind nicht permanent zugänglich, werden gelegentlich auch verliehen, befinden sich in der Aufarbeitung oder im allerbesten Fall sind sie im Betriebseinsatz unterwegs. Also vor dem Museumsbesuch am besten auf der Homepage vorbeischauen oder kurz anrufen.

Bahnpark Augsburg im ehemaligen Betriebswerk der Deutschen Bahn AG, Firnhaberstraße 22, 86159 Augsburg, www.bahnpark.de, Öffnungszeiten: Bitte nachfragen.
Wichtigste E-Lok-Exponate: ***Ae 4/7 (SBB), CC 6503 (SNCF), BB 3602 (CFL), 1141.03 (ÖBB), E 16 09, E 18 08, E 63 05 und 08, E 69 02, E 71 19, ET 91 01 (Gläserner Zug), E 91 99 und 120 003.***

Bayerisches Eisenbahnmuseum Nördlingen, Am hohen Weg 6a, 86720 Nördlingen, www.bayerisches-eisenbahnmuseum.de. Öffnungszeiten: Samstag 12 bis 16 Uhr, Sonntag 10 bis 17 Uhr.
Wichtigste E-Lok-Exponate: ***E 10 005, E 36 02, E 69 03, E 94 135 und 192, 103 136 und 141 083.***

Deutsche Bahn AG, DB Museum im Verkehrsmuseum Nürnberg, Lessingstraße 6, D-90443 Nürnberg, www.db.de/dbmuseum. Öffnungszeiten: Dienstag bis Freitag von 9 bis 17 Uhr und am Wochenende von 10 bis 18 Uhr.
Wichtigste E-Lok-Exponate: ***E 19 12, EP5 (E 52 34), E 69 02.***

Deutsche Bahn AG, DB Museum, Lokhalle IV Halle P, Berliner Straße 240, D-06112 Halle (Saale). Öffnungszeiten: April bis Dezember jeden 1. und 3. Samstag im Monat 9.00 bis 15.00 Uhr.
Wichtigste E-Lok-Exponate: ***E 11 001, E 18 31, E 44 108, 155 001 und E 95 02.***

Deutsche Bahn AG, DB Museum Koblenz, Schönbornsluster Straße 3, D-56070 Koblenz. Öffnungszeiten: In der Regel samstags von 10 bis 16 Uhr für Besucher geöffnet.
Wichtigste E-Lok-Exponate: ***E 16 03, E 18 03, E 40 128, E 41 001, E 44 002, E 60 10, 103 113, 103 233, 110 348, 113 311, 141 055, 150 091, 182 001 und 184 003.***

Deutsches Technikmuseum Berlin (DTMB), Trebbiner Str. 9, 10963 Berlin-, www.dtmb.de. Öffnungszeiten: Dienstag bis Freitag: 9 bis 17.30 Uhr, Samstag/Sonntag/feiertags: 10 bis 18 Uhr.
Wichtigste E-Lok-Exponate: ***DE 2500 (202 001), E 19 01, E 44 131, E 71 28, 184 112.***

DGEG-Eisenbahnmuseum Bochum-Dahlhausen, Dr.-C.-Otto-Straße 191, 44879 Bochum, www.eisenbahnmuseum-bochum.de. Öffnungszeiten: 1. März bis 20. November, Dienstag bis Freitag, Sonn- u. Feiertags: 10 bis 17 Uhr.
Wichtigste E-Lok-Exponate: ***E 32 27, E 94 080.***

DGEG-Eisenbahnmuseum Neustadt/Weinstraße, Postfach 100318, 67403 Neustadt (gegenüber vom Hauptbahnhof), www.eisenbahnmuseum-neustadt.de. Öffnungsszeiten: Dienstag bis Freitag von 10 bis 13 Uhr, Samstag, Sonn- und Feiertag von 10 bis 16 Uhr.
Wichtigste E-Lok-Exponate: ***E 17 113, E 44 150, E 93 12 und 103 220 (ex. Touristik-Lok).***

Eisenbahnmuseum Darmstadt-Kranichstein, Steinstr. 7, 64291 Darmstadt, www.museumsbahn.de, Öffnungsszeiten: Jeden Sonntag 10 bis 16 Uhr, von April - September auch mittwochs von 10 bis 16 Uhr.

Wichtigste E-Lok-Exponate: ***E 16 08, E 60 09, 103 101, 141 228***

Eisenbahnmuseum Strasshof »Das Heizhaus«, Sillerstraße 123, A-2231 Strasshof an der Nordbahn, www.eisenbahnmuseum-heizhaus.com. Öffnungszeiten: Bitte nachfragen.
Wichtigste E-Lok-Exponate: 1010.002, 1020.038, 1041.001, 1044.501, 1045.014, 1245.001, 1570.01, 1189.05, u.v.m.

Lokwelt Freilassing, Westendstr. 5, 8395 Freilassing, www.lokwelt.freilassing.de. Öffnungszeiten Freitag bis Sonntag 10 bis 17 Uhr.
Wichtigste E-Lok-Exponate: ***De 2/2, LAG 1, E 16 07, 103 167 und 244 051***

Sächsisches Eisenbahnmuseum Chemnitz-Hilbersdorf e.V. (SEM), An der Dresdener Bahnlinie 130 c, 09131 Chemnitz, www.sem-chemnitz.de. Öffnungszeiten: Dienstag bis Sonntag von 9 bis 17 Uhr.
Wichtigste E-Lok-Exponate: ***E 44 045, 242 002, 254 059***

Thüringer Eisenbahnverein e.V. (TEV), Freizeitgruppe des Bahnsozialwerkes - Ehemaliges Bahnbetriebswerk Weimar, Eduard-Rosenthal-Straße, Weimar, www.thueringer-eisenbahnverein.de. Öffnungszeiten: Bitte nachfragen.
Wichtigste E-Lok-Exponate: ***E 04 11, E 18 24, E 42 151, E 44 103, 105 und 143, E 44 507, E 251 012, E 11 049, E 94 106 und 180 014***

Verkehrshaus der Schweiz, Lidostrasse 5, CH-6006 Luzern, www.verkehrshaus.ch. Öffnungszeiten: 10 bis 18 Uhr (Sommerzeit), 10 bis 17 Uhr (Winterzeit).
Wichtigste E-Lok-Exponate: ***Ae 8/14 11852 (Landi-Lok), Be 4/6 12332, Be 6/8II 13254, Ce 4/4 13501, De 4/4 1678, Rae 2/4 1003 (Roter Pfeil)***

Glücklich kann man sich in Neustadt an der Weinstraße schätzen, die außergewöhnliche 103 220 in der attraktiven und überaus auffälligen Touristik-Lackierung im Bestand zu haben.

Abkürzungsverzeichnis

ABB:	Asea, Brown, Boveri
AEG:	Allgemeine Elektrizitäts-Gesellschaft
AC:	Alternating current: Wechselstrom
ASEA:	Allmänna Svenska Elektriska Aktiebolaget
BBC:	Brown, Boveri & Cie.
CfK:	Kohlefaserverstärkter Kunststoff
DAT:	Drehstromantriebstechnik
DB:	Deutsche Bundesbahn (BRD)
DB AG:	Deutsche Bahn AG
DBS:	Doppelschleifstück Bahn Stromabnehmer
DAT:	Drehstrom-Antriebstechnik
DC:	Direct current: Gleichstrom
DR:	Deutsche Reichsbahn (DDR)
DRG:	Deutsche Reichsbahn Gesellschaft
EVU:	Eisenbahnverkehrsunternehmen
EMK:	Elektromotorische Kraft
GfK:	Glasfaser verstärkter Kunststoff
GM:	General Motors
HG:	Höchstgeschwindigkeit
Hz:	Hertz (Frequenz in s-1)
kW:	Kilowatt
ÖBB:	Österreichische Bundesbahnen
PSE:	Periodensystem der Elemente
RhB:	Rhätische Bahn
SBB:	Schweizer Bundesbahnen
SBS:	Siemens-Bahn-Stromabnehmer
SNCF:	Societé National des Chemins de Fér Français
SOK:	Schienenoberkante
SSW:	Siemens-Schuckert-Werke
UEG:	Union-Electricitäts-Gesellschaft

Literaturverzeichnis

- ABB, Schaltanlagen, Berlin 1999
- AEG, Hilfsbuch, Berlin 1965
- AEG, Technische Unterlagen für elektrische Bahnen, Berlin 1965
- Autorenkollektiv, 100 Jahre elektrische Eisenbahn, München 1979
- Autorenkollektiv, Handbuch der elektrischen Triebfahrzeuge der Deutschen Bundesbahn, Frankfurt 1959
- Baur, Karl Gerhard, Taurus – Lokomotiven für Europa, Freiburg 2003
- Baur, Karl Gerhard, Die Geschichte der Drehstromlokomotiven, Freiburg 2005
- Bäzold Dieter/Fiebig Günther (†), Deutsches Lok-Archiv, Berlin 1992
- Beier, Roland, Kleine Typenkunde österreichischer Triebfahrzeuge, Stuttgart 2000
- Bendel, Helmut u. a., Die elektrische Lokomotive, Berlin 1994
- Bergmann/Schäfer, Lehrbuch der Experimentalphysik, Band I Mechanik, Akustik, Wärme, Berlin 1974
- Bergmann/Schäfer, Lehrbuch der Experimentalphysik, Band II Elektrizität und Magnetismus, Berlin 1987
- Crawford, Frank S., Schwingungen und Wellen, Braunschweig 1974
- Deinert, Werner, Elektrische Lokomotiven, Berlin 1968

- Dreher, Hansi, Triebfahrzeuge der Deutschen Bundesbahn, Augsburg 1994
- Th. Estler, Typenkunde deutscher Elektrotriebwagen, Stuttgart 2005
- Filipovic, Zarko, Elektrische Bahnen, Berlin, Heidelberg, New York 2005
- Fischer,Rolf, Elektrische Maschinen, München, Wien 2004
- Gerthsen, Kneser, Vogel: Physik, Berlin, Heidelberg, New York
- Gewerkschaft Deutscher Lokomotivführer (Hrsg.), Handbuch der elektrischen Triebfahrzeuge der Deutschen Bundesbahn, Frankfurt 1959
- Haeuber, Dr. Hans-Dieter, Krupp im Dienste der Elektro- und Diesellokomotive, Moers 1984
- Hollingsworth/Cook, Das Handbuch der Lokomotiven, Basel 1990
- Joachimsthaler, Anton, Die Einheitslokomotiven der Deutschen Bundesbahn, 4. Auflage, Frankfurt 1975
- Kademann, Siegfried/Messerschmidt, Wolfgang, Henschel Lokomotiven, Augsburg 1995
- Latten, Richard: Jahrbuch Europäische Eisenbahnen (mehrere Jahrgänge), Stuttgart und Berlin
- Lexikon der Eisenbahn, Berlin 1990
- Lieb, Ulrich, Typenkunde deutscher Elektrolokomotiven, Stuttgart 2003
- Mathieu, Georges, Le Matèrial Moteur de la SNCF, Paris 1998
- M. Mehltretter, Die Lokomotiven der Deutschen Bundesbahn, Stuttgart 1978
- Merkbuch für Triebfahrzeuge: Die Elektro-, Diesellokomotiven und Triebwagen der Deutschen Reichsbahn, Holzminden
- Messerschmidt, Wolfgang, Meilensteine der Lokomotivtechnik, Berlin 1994
- Müller, Siegfried, Elektrische und dieselelektrische Triebfahrzeuge, Basel, Boston, Stuttgart 1979
- H. J. Obermayer, Elektrolokomotiven, Augsburg 1995
- Richter/Ringler, Lexikon deutscher Privatbahnen, München 2002
- Rheinstahl AG (Hrsg.), 125 Jahre Henschel Lokomotiven, Düsseldorf 1973
- Rose, Harry (Hrsg.), Lexikon der Lokomotive, Berlin 1992
- Ross, David, Züge und Lokomotiven, Stuttgart 2005
- R. R. Rossberg (Hrsg.), Deutsche Eisenbahnfahrzeuge von 1838 bis heute, Düsseldorf 1988
- Solomon, Brian, Electric Locomotives, St. Paul 2003
- Steimel, Andreas, Elektrische Triebfahrzeuge und ihre Energieversorgung, München 2006
- Tölsner, Wolfgang (Hrsg.), Meilensteine, Berlin 2003
- Webb, Brian & Duncan, John, AC Electric Locomotives of British Rail, London 1979
- Willen, Peter, Lokomotiven und Triebwagen Schweizer Bahnen (Bd. 1 bis 4), Zürich 1984
- Wolf, Christian/Ernst, Christian, Die Baureihe 103, Freiburg 2004

Weiterlesen!

Die Reihe »So funktioniert...«

Stefan Alkofer
So funktioniert die Diesellok
Grundlagen der Leistungsübertragung, Aufbau von Diesellokomotiven und Triebwagen sowie die Hersteller.
184 Seiten, 138 Bilder, davon 118 in Farbe, 9 Zeichnungen
Bestell-Nr. 71254 **€ 19,90**

Dirk Endisch
So funktioniert die Dampflok
Sie ziehen die Aufmerksamkeit auf sich: Dampfende Lokomotiven, die aus einer anderen Zeit zu kommen scheinen. Nur wenige wissen aber, welche Technik in diesen Giganten aus Stahl steckt. Dirk Endisch erklärt auf leicht verständliche Weise und in gut lesbarer Form die Technik der Dampflok. Erfahren Sie zum Beispiel den Unterschied zwischen Lang- und Stehkessel, die Funktion des Schieberkastens oder was ein Schmelzpropfen ist und wozu er dient.
168 Seiten, 124 Bilder, davon 120 in Farbe, 20 Zeichnungen
Bestell-Nr. 71221 **€ 19,90**

Erich Preuß
So funktionieren Eisenbahn-Signalsysteme
Bei den Eisenbahnen gibt es verschiedene Signalsysteme. Aber wer weiß schon, was »permissives Fahren« bedeutet? Viele Eisenbahnfreunde halten die Signale deshalb für einen Geheim-Code. In diesem Titel wird dieses Vorurteil ausgeräumt und alles erklärt, was man wissen muss.
152 Seiten, 130 Farbbilder
Bestell-Nr. 71267 **€ 19,90**

Erich Preuß
So funktionieren Eisenbahn-Stellwerke
Nur wenige wissen, wie Stellwerke funktionieren. Kompetent und kurzweilig erklärt Erich Preuß die Technik dieser für den Eisenbahnbetrieb wichtigen Gebäude. Das Spektrum reicht von den über 100 Jahre alten mechanischen Stellwerken bis hin zu den elektronisch gesteuerten unserer Tage.
152 Seiten, 140 Bilder, davon 113 in Farbe, 26 Zeichnungen
Bestell-Nr. 71307 **€ 19,95**

Jan Reiners
So funktioniert das Bahnbetriebswerk
Was hinter geschlossenen Toren eines Bahnbetriebswerks geschieht, übt auf Eisenbahnfreunde eine nahezu magische Anziehungskraft aus und animiert auch Modellbahner immer wieder zum Nachbau. Dieser Titel beschreibt Technik, Geschichte und Funktion des Bahnbetriebswerks.
160 Seiten, 118 Bilder, davon 63 in Farbe, 30 Zeichnungen
Bestell-Nr. 71279 **€ 19,95**

IHR VERLAG FÜR EISENBAHN-BÜCHER
Postfach 10 37 43 · 70032 Stuttgart
Tel. (07 11) 2108065 · Fax (07 11) 2108070
www.paul-pietsch-verlage.de

trans press

Stand November 2007 – Änderungen in Preis und Lieferfähigkeit vorbehalten